别让负面情绪绑架你

胡展浩 著

ESCAPING
NEGATIVE EMOTION TRAPS

SPM 南方出版传媒　广东人民出版社

·广州·

图书在版编目（CIP）数据

别让负面情绪绑架你 / 胡展诰著. — 广州：广东人民出版社，2019.5
ISBN 978-7-218-13527-4

Ⅰ. ①别… Ⅱ. ①胡… Ⅲ. ①情绪－自我控制－通俗读物
Ⅳ. ①B842.6-49

中国版本图书馆CIP数据核字（2019）第072369号

中文简体字版 ©2017年，由广东人民出版社出版。

本书由宝瓶文化事业股份有限公司正式授权，经由凯琳国际文化代理，由广东人民出版社有限公司出版中文简体字版本。非经书面同意，不得以任何形式任意重制、转载。

Bie Rang Fumian Qingxu Bangjia Ni
别 让 负 面 情 绪 绑 架 你

胡展诰　著

版权所有　翻印必究

出 版 人：肖风华

责任编辑：严耀峰
封面设计：钱国标
装帧设计：小玲儿
责任技编：周　杰　吴彦斌

出版发行：广东人民出版社
地　　址：广州市海珠区新港西路204号2号楼（邮政编码：510300）
电　　话：（020）85716809（总编室）
传　　真：（020）85716872
网　　址：http://www.gdpph.com
印　　刷：广东鹏腾宇文化创新有限公司
开　　本：710毫米×1000毫米　1/16
印　　张：12.5　　　字　　数：220千
版　　次：2019年5月第1版　2019年5月第1次印刷
定　　价：39.80元

如发现印装质量问题，影响阅读，请与出版社（020-32449105）联系调换。

售书热线：020-32449121

为什么不愉快的情绪总是不请自来？

现在请想象：在你眼前大约一步距离的地方，有两台崭新亮丽的自动贩卖机。贩卖机里整齐摆放着琳琅满目的商品，别出心裁的精致包装相当引人注目。不过，这里面卖的不是饮料、饼干，也不是其他小东西，而是包装成袋、各种各样的"情绪"。

均一价，一袋一百元。

左边那台贩卖机里卖的是开心、愉悦、满足、放松、兴奋等受欢迎的情绪，右边那台刚好完全相反，卖的是生气、难过、挫折、害怕、忧郁、忌妒、紧张、害羞这些在大家印象中所谓"负向"的情绪。哦，对了，右边这台贩卖机目前还推出优惠活动"买一送一"，价格比起左边那台整整便宜了一半。

此刻，你的手中正握着一张百元钞票，如果要你选择带一种情绪回家，你会选哪一种呢？

可想而知，左边的贩卖机肯定时常大排长龙、销售一空；而右边那台贩卖机，即使有特价，生意应该还是很冷清，大多数走到它面前的人总是只看了一秒，就翻了个嫌弃的白眼，然后头也不回地走到左边去了。

不过，现实总是残忍的。

在想象的世界里，我们可以恣意挑选自己想要的情绪，但是回到现实生活，别说要挑情绪了——那些不愉快的情绪似乎总是不请自来。

我们都希望每天可以开开心心地度过，但是听了一整天的课、上了一整天的班、处理了繁杂琐碎的家事，心情也经常随着天黑而逐渐晦暗。走出校门、离开了公司，坏情绪却像是附有强力魔术贴的暖暖包，紧紧地粘

着自己，悄悄地将我们内在的不舒服加温、加温、再加温。直到踏进家门，又听到家人的唠叨，看到餐桌上讨厌的菜式，听到孩子的争吵……所有的坏情绪突然被搅和在一起，膨胀、膨胀、无上限地膨胀。接着，不知道是谁，悄悄地按下了某个按键……

砰!

刹那间，那些在外面累积、可能与家人无关的情绪，都在此刻毫无保留地"炸裂"，接下来若不是另一场战役的开启，就是整个客厅只留下刚刚"爆炸"过的你（因为被"轰炸"的人都跑光了）。但无论如何，这样的剧情发展肯定都不是你原本想要的，你压根就没有想要发这么大的脾气，也没有想过要伤害谁。

呆坐在客厅沙发上、愣在房间的床上、坐在空荡荡的餐桌旁，感受着慢下来的心跳和渐渐和缓的呼吸，你既无奈，又弄不清楚这一切到底是怎么发生的；甚至，你连刚刚发脾气的目的是什么都不清楚，到底是想得到像现在这样的安静，还是希望有人陪伴，听听自己一天下来在所有忙乱中所受的委屈与辛苦？

事实上，此时你的思绪状态就跟刚才"爆炸"的情绪一样混乱。

你什么都不清楚，只是无奈于很多时候不开心的情绪会自动找上门来，特别是在你疲惫不堪、缺乏防备的时候侵扰着你，诱使你做出伤害自己或他人的行为。

这情况，就像我曾在咨询室里看到一位九岁的小男孩一边拿充气棒用力捶着地板，一边大吼着："我要打死你，可恶的'生气'，拜托你滚蛋！"对他而言，"生气"总是一个招呼都不打就霸道地降临在他身上，经常害他情绪失控而闯祸，接着就是被大人处罚、被同学讨厌。

不过，有一件事情我们多多少少能确定，那就是不论自己喜不喜欢、想不想要，那些负向的情绪就是我们生活当中的一部分。而且，我们很可能会因为这种随时会发生的、莫名其妙的情绪"爆炸",而被贴上"坏脾气""情绪化"的标签。

但你真的是大家口中那种喜怒无常、阴晴不定的人吗?

很多人讨厌、害怕情绪容易起伏的人,因为待在他们身边,随时可能会被"流弹"波及。但是另一方面,其实有一部分人也很害怕自己会变成"炸弹"。他们害怕控制不了自己的脾气,害怕突如其来的情绪崩溃会让自己在大家面前出糗,害怕极端变化的情绪会破坏了自己与他人的关系。可是每当不舒服的情绪累积到一定程度后,某些突如其来的刺激就会点燃引线,接下来会发生的事情,不用多说,相信大家一定都很清楚(或者很有经验)。

可惜的是,大部分的人对于自己的情绪并不敏感,更准确地说,是对负向的情绪不敏感。而对于开心、愉悦、满足的情绪,我们大致上不会有什么困扰(记得,只是"大致上",而非绝对如此)。

基本上,这跟我们成长过程中被灌输的态度有关:避免往"负面"看;"情绪化"是不讨喜的;"难过"太没有建设性,还会让人瞧不起;"害羞""紧张"是懦弱的特质;"焦虑"是没有必要的……"忧郁"?那根本是庸人自扰、作茧自缚的人才有的专属疾病啊!

既然我们被告知这些情绪不受欢迎、会被人瞧不起,那怎么办?最好的方法就是假装我们没有这些情绪,假装感受不到它们,再找各种理由告诉自己现在顶多只是"生气",而不是出现了那些令人更难堪的情绪。虽然"生气"也不是很受欢迎,但至少代表自己并不是懦弱没用的。

然而,如果因此认为不去看、不去想,问题就会被解决,那实在是把这个世界想得太单纯了。

闭上眼睛不去理会的问题,通常只会日益恶化。一味地否认那些不舒服的内在情绪,不让它们有机会透过适当的渠道宣泄,最后它们可能会储存在体内,造成身体的各种不适,生活也可能会因为这些模糊且难受的情

绪而变得更糟糕。

接下来，你将会在这本书里看到我反复强调的一个观点："很多事情你不去正视，不代表它就不存在。"

"问题"一直都在那儿，要去面对它、处理它，这当然会令人不舒服，也很需要勇气。但每当我们多关注、多解决一些，问题就会相对地减少一些，自己也会觉得更加放松。

本书的第一部分，与读者分享的是关于情绪的迷思，了解情绪如何在不自觉间影响我们；第二部分将会带着大家一起检视某些我们不喜欢的、害怕的情绪到底从何而来，而这些情绪的背后，又有着哪些不为人知的声音。或许，这些情绪并不像我们所想象的那么可怕。最后一部分则是适合随身携带的提醒，引导读者随时觉察自己的状态，练习用不同的方式来因应自己的情绪。接着你会发现，这些情绪的真实样貌并不可怕，而且透过练习，你也能提升自己和情绪相处的能力！

准备好了吗？

现在，请慢慢地移动脚步到右边那台售卖负向情绪的贩卖机前，这也将是你进一步靠近自己、认识自己的宝贵机会。

鼓起勇气，将手上的百元钞票平整地放进右边的自动贩卖机。眼前每一袋情绪下方的按键同时亮了起来，整齐的红色灯号显示着："可购买"。

深呼吸。

深深地吸气——，慢慢地吐气——，试着按下眼前的某一个按钮！

放心，情绪不是什么可怕的东西。相反地，当我们越靠近它、越认识它，就越能帮助自己更安然地与它相处，也让生活更放松、更健康。

Contents 目录

Part.3

爱自己，你需要随身携带的提醒

破解情绪迷思

挥之不去的坏心情？

有时候，是我们让自己沉浸在不开心的泥淖中却不自知……

如果你经常逛书店，应该不难发现心理励志分类区的书架上，与情绪相关的书籍通常占了绝大多数。大部分的人看着这些琳琅满目的封面与书名，心里揣测的，很可能是哪一本书能以最快的速度帮助自己摆脱不快乐的情绪，最好还可以从此天天开心。

这样的想法相当实际，毕竟花钱买了一本与情绪相关的书，若是无法让自己脱离痛苦的心情，那买来干吗？

但你是否想过：有时候，其实是我们自己选择待在不开心的情绪当中，在那样的状态里浸泡、反刍，不想这么快脱离？

放不下的怨恨与悲伤

我曾经与一个小学六年级的小男生谈话，他被转介来我这里的原因是长期被班上的同学排挤与欺凌，在生活中显得相当没自信、情绪低落。

为了减轻他的不舒服，我尝试了各种方式，想引导他宣泄内心的不愉快及减少他对班上同学的怨恨，但无论我怎么努力他都不愿意配合，更毫不客气地表达出不感兴趣的样子。

　　"不公平。"某次，当他在游戏室里玩着积木时，小小的身躯背对着我缓缓地说出这三个字。

　　"啊？不公平？什么不公平？"我对这意料之外的回应感到困惑。

　　"如果我这么快就不生气了，那我曾经被欺负的事情算什么？我知道，你们都希望我不要生气，尽快冷静下来，我也知道我只要安静就没事了，可我就是不想很快就不生气！"

　　"那些欺负我的人才会没事，我不会没事。我很痛苦，而且很难过。"对他而言，大人所说的"没事"不是真的没事。

　　老师认为的"没事"是指孩子不哭不吵，不去计较到底是哪些人欺负他，也不要再大动干戈地调查谁对谁错，让任课老师可以平静地上课、其他同学的家长不再打电话来咆哮，一切就像船过水无痕那样风平浪静。但是他心里面的不舒服却没有人关心，这根本就不公平。

　　"我知道不可以大吵大闹，这样会干扰到班上同学上课，"他无奈地说，"但是我不知道该怎么办。"

　　男孩想透过大叫，让大家知道自己有满腹怨气，而他的生气可能包括了不舒服、委屈、难过、害怕，以及愤怒。大人们要他别生气、别大叫，只是希望他不要干扰到其他同学上课，不要让其他家长投诉班上有个令人头痛的人物，至于他被大家欺负的委屈或难过，或许不是太多人愿意关注。于是，为了让大家关注到他，从小他就习惯用生气与吵闹的方式来吸引他人注意，但也因为这种行为模式，让大家把他与麻烦画上等号，认为他是喜欢吵闹的问题儿童。

许多被欺凌者（或受害者）的内在都有着类似的心声："如果我放下了，那么，欺负我的那些人呢？他们也会感受到相等的痛苦吗？如果没有，那我的放下又有什么意义？谁会来安慰我、悲悯我呢？难道我活该吗？"而这位小小年纪的男孩无法说清楚的是，他紧紧握住这些不愉快的情绪，是为了提醒自己记得曾经经历过的伤害。

正如这个例子所示，我们会担心一旦忘了这些痛苦的经历，就是否定了这些不公平的对待，那么，我们所遭遇的痛苦也会被这个世界所淡忘。因此，我们期待借由记住这些痛苦，来警惕自己，避免再次遭受类似的伤害。

另一方面，对于曾在关系中经历重大分离、失落、受伤的人而言，那些不愉快的感觉可以让自己觉得与重要他人或重要事件还保持着联结，并借此缅怀那些曾经美好的回忆。这能让人在经历重大创伤、感受到如巨浪般袭来的痛苦而几乎要窒息时，还能够保有活着的感觉。

有一位前来咨询的大学生就说，母亲刚过世的那几年，他经常一想到与母亲相关的回忆就会哭得无法自已。但经过这几年，渐渐地，他不再一想到母亲就掉眼泪，半夜也不再因为梦到母亲而醒来，虽然在情绪上比较好受，却因此多了一种矛盾与罪恶的感觉。

"我好害怕没有了难过或悲伤，这样下去会真的忘了关于妈妈的一切……"

"妈妈过世了，我却没有继续难过，是不是我变得不在乎她了呢？"

"没有了这些'应该'要有的感觉，我是不是错了呢？"他说。好像记得这份痛苦，才等于母亲还存在；如果忘记了这份痛苦，母亲就会永远离他而去。

别"想太多"就没事？

如果说负向的情绪的确具有一些正向的功能，就不难理解为什么有时候我们会在经历分手、痛失亲人、遭遇挫败等令人难受的事件后，选择一个人用各种方式沉浸在这些情绪里。但是，如果紧紧掐住伤口，是为了提醒自己避免再次受伤害，那么伤口永远不会有复原的一天。

很遗憾地，身为一名心理咨询师，虽然我也不忍看到人们受苦，却没有那种能让人瞬间摆脱负面情绪的技巧或灵丹仙药。

我们的生活中充斥了太多"看开点，人生的路还很长""不去想就好了""想太多无济于事"之类的空泛语言，然而这些语言不但缺乏任何安抚或支持的效用，还会令当事人觉得有负向情绪是因为自己无能，从而加深了当事人痛苦的感受。

要从情绪中走出来，最好的方式不是去否定这些痛苦的经历，也不是责备自己小题大作，因为痛苦之于每个当事者，都是很主观真实且难以磨灭的事实。

踏上自我疗愈之旅

疗愈内在伤痛的历程就像是一趟旅行。旅行需要时间，也需要你亲自去体验，而不是像个观众那样躺在沙发上，打开电视、听听别人的分享就可以完成。倘若我们在旅行的过程中遇到了阻碍就绕道而行，将会失去许多学习与激起勇气的机会。当然，如果因为各种原因而耽溺在某个地方，驻足不前，同样也会错失许多难得一见的美景。

如果疗伤是一趟旅程，那么，旅行最重要的就是"保持行动"——累了就休息，养足了精神就继续前进。我们得时而抬头看看眼前的风景，时而倾听自己内在的声音；勇敢面对旅途中遇见的每一个人、每一件事，保持与自己的内在对话，如实面对自己的情绪。

生命的旅程经常充满着许多困难与挑战，有些已发生的事情虽无法重新来过，部分痛苦的情绪也确实难以跨越，但那并不代表我们的生命将就此被困住。我们在经历了这些困境后依旧走到了现在，除了他人的支持，自己的内在肯定也有着坚毅而珍贵的力量。

时间并不足以疗愈一切，真正能帮助我们跨越伤痛的，是我们从痛苦中长出来的智慧，以及逐渐茁壮的坚韧。我们要理解的是痛苦为生命带来的意义，学着用更好的方式来想念过去的美好，与曾经受过的伤害共处，并懂得如何保护自己。

情绪是一种状态，而不是用来达到某种目的的工具。

我们不必为了逃避而逼迫自己否定或忽视不舒服的情绪，也不必为了某些目的，用力让自己浸泡在那些负向的情绪里。而在这样的自我疗愈旅程中，最重要的是，我们也学会了如何更爱自己。

情绪觉察 1

1. 有时候，其实是我们选择待在不开心的情绪当中，让自己在那样的状态里持续浸泡、不断反刍。

理由一，担心一旦忘了这些痛苦的经历，就像否定了这些不公平的对待，自己所遭遇的痛苦也会被这个世界淡忘。

理由二，希望借由记住这些痛苦，来警惕自己，避免再次受到类似的伤害。

2. 疗愈内在伤痛的历程就像是一趟旅行，旅行需要时间，也需要我们亲自去体验。

3. 时间并不足以疗愈一切，真正能帮助我们跨越伤痛的，是我们从痛苦中长出来的智慧与逐渐茁壮的坚韧。

眼见未必为凭

我们经常用过往的经验来与眼前的人互动，就像戴着有色眼镜看待世界，不自觉地混淆了内在的情绪……

前阵子和好友小赵在脸书上聊天，他说自从大学毕业、踏入职场后，就陷入了某个无解的困境：常常一份工作做不了几个月就觉得痛苦、想换工作。家人经常劝他多做一阵子再考虑要不要换，面试官也对他频繁更换工作的行为感到疑惑；更严重的是，女友因为他不稳定的工作状态而觉得没安全感，离开了他。

我问，是工作太困难吗？太没挑战性？薪资待遇不满意？上、下班交通不方便？没有升迁机会？员工福利不佳？他全都否认。事实上，他那亮眼的学历，总是能让他应征到许多人为之钦羡的工作与职位。

"总有让你觉得不满意的地方吧？"我问。

"其实还好啦，工作环境和待遇都不错。"他自己也很困惑。

"那你到底为什么要这么频繁换工作？难道你是把老板当成丈人来选吗？"我给了他一个逗趣的翻白眼的表情。

"老板是还好，倒是我常觉得跟主管讲话很痛苦……"他还了我一个痛不欲生的贴图。

"哦？怎么说？"没想到随口开的玩笑，会让他提起主管。既然是他主动提起的，也许会有重要的信息。

"我觉得主管的回应、话语、一举一动，好像都是冲着我来的，让我胆战心惊。"小赵继续解释，"有时候我讲话他没有回应，我就担心他是不是在生我的气；听不清楚他说什么的时候，我不太敢再追问；每次有事情需要请假，我都很害怕他在签我的假条时会不会觉得我在怠慢工作……"

"但是你问问题是为了厘清状况，请假也都是照着公司规定来，不是吗？这样有什么好怕的？"这下子换我困惑了。

"我知道自己没有做错，也没有违反程序，所以也很纳闷自己干吗这么怕东怕西……"

"难道你遇到的主管都特别尖酸刻薄、不近人情？"

"不知道，我总觉得主管都不是随和、好相处的人……"

"除了主管，你对其他同事会不会也有类似的感觉？"

"同事？不会，对同事没有这种感觉。"

听到这里，我的心里突然浮现一个假设，于是接着问："下面这个问题可能思维有点跳跃，不过请你仔细想想，当你跟主管互动时，会让你想到生活中的谁呢？"

果然不出我所料，脸书信息在已读却没回应的画面定格了许久。我又补充："一时想不到也没关系，不急，等你想到了再跟我说。"我们的对话就在这里暂告一段落。

几天后，小赵回复信息了。

他说上周末回家，和父亲讨论家里装修的事情时，突然发现他和主管互动的感觉，似乎同他和父亲互动时很像。

他回忆道，父亲从海军上校的岗位上退伍，对自己和他人向来很严格。不仅要求孩子绝对服从，生活起居也必须充实安排，不允许半刻的偷懒；有时他和哥哥如果讲了什么不得体的话，父亲使来一个眼神就瞪得他们汗毛直竖、不敢再讲半句话，以免挨一顿揍。

"哇，这真是个了不起的发现！"我很佩服。

"父亲、主管、父亲、主管……要不是你提醒，我也没想过这两者的角色居然这么像。"他苦笑。

移情——对重要他人的情感转移

像小赵这般，将自己生命中某些重要他人（A）的情感，转移到其他人（B）身上的现象，就叫作"移情"（transference）。

以小赵的例子而言，之所以产生移情现象，可能是因为主管的某些特征、举止与父亲很像，例如都是一家（部门）之主、讲话大声、握有管理的权力等，使他在跟主管互动时，潜意识里将之同自己与父亲互动的经历的感受联结起来。但更准确地说，其实是他自己把对父亲（A）的感受，转移到公司主管（B）的身上，接着进一步影响了他与主管互动的感受。

当然，这整个过程跟历任主管一点关系也没有。

这些主管可能是个性温和、充满关怀、幽默风趣、步调缓慢而懂得享受生活的人，只是"主管"这个职位在小赵的认知里，与父亲的角色很相似，因此在他还没深入了解对方时，就因为一些互动而让他感受到类似与父亲互动时的经历。

所以，那些被小赵"开除"的主管们很可能是被冤枉的，而若他没能觉察到这个现象，也许会持续陷入"不舒服、换工作、不舒服、换工作……"的恶性循环中，最终在职场发展上遭遇极大的挫败。

你被困在"过去的感觉"里吗？

事实上，移情的现象在我们的生活中一点也不罕见，例如将对母亲的情感转移到太太身上；将生命早期对某个老师的情感转移到后来的老师身上；将对初恋情人的情感转移到现任伴侣身上……诸如此类的移情，都可能会影响我们当下与他人互动的真实性。

移情只会缘于过去对某人的负向感受吗？不尽然。我们也可能将过去对某人的正向情感转移到目前生活中的其他人身上。不过，无论是正向或负向情绪的移情，那当下都是不真实的。就像戴着一副有色眼镜在观看世界，无论眼前看到的颜色是什么，都偏离了真实世界的样貌。

简单来说，在移情作用下，我们不是在与眼前的"这个人"互动，而是在与"过去对某个人的感觉"互动。

这种情况会使我们看不见眼前这个人的真实样貌，因为自己已被困在过去的某种情绪与体验里，不管此刻对方做什么、说什么，我们都可能无法真实地理解，从而主观地做出偏离且扭曲的解释。

如何破除移情作用

移情不罕见，但多数人却不太容易有所觉察。那么，究竟如何降低移情对我们的人际互动所产生的影响呢？

网络上有个常见的游戏是，在两张相似的图片里找出相异之处。这里则刚好相反。我们要从两个看起来很不一样的情境里找出相似之处，这些相似之处还包括肢体动作、姿势、语调、外表、身上的味道等。以下以小赵为例：

1. 搜集线索：写下主管让他感到不舒服的地方，例如，可能是不回应小赵说的话、说话时不正眼看他、态度冷淡等。（重点是，小赵应该明白这些人可能没有恶意，或者只是初次见面，他们并不需要刻意这样对待他。）

2. 辨识感受、想法与期待：觉得自己被严格要求；不被看重；期待主管对他宽容点、给予一些鼓励。

3. 搜寻类似的情感体验：这是最重要的步骤，也就是找出当前的情境和情绪感受曾在过去的哪些经历里感受到，谁也曾经说过类似的话、做出类似的举动？

经过上述三个步骤之后，小赵可能会发现，"主管／公司""父亲／家庭"这两个原本看似是平行世界的人物与情境，竟然串联起来了。这能帮助他觉察自己其实是将成长过程中与父亲互动的恐惧与期待，放到了与主管互动的情境里。

在我们的生活中，肯定存在不少移情现象，不过也不需要因此太担心或紧张，如果没有严重影响自己的人际互动，也没有发生让自己（或他人）太困扰的事情，未必每件事情都要逼自己耗尽力气地去检视。

请记得，"自我觉察"不是短暂的热潮，而是一辈子的功课。我们这一生都在持续认识自己、靠近更真实的自己的路上。

练习1 降低过去对现在的影响

【范例】

1. 搜集线索：搜集某个人让自己产生强烈情绪与感受的动作、姿势、口气、外表、身上的味道。

（1）每次女友讲电话太大声、讲太久，都会让我觉得很烦躁。

（2）主管身上的香水味，会让我觉得很亲切、很温暖。

2. 辨识感受与期待：这种烦躁的感觉，是因为觉得被侵犯。如果可以，我希望她尊重我，不要在我需要安静的时候打扰我。

3. 搜寻类似的情感体验：这种烦躁的感觉，让我想起我的母亲。

一旦顺利进行到第三步，要记得再次回到目前的生活，检视那个让自己充满情绪的对象："真的是他让我不舒服吗？"还是说，其实是自己将过去对某人的情绪体验联结到这个人身上，以至于"他的行为举止、身上的特征都让我觉得不舒服"？

透过这样的程序，可以帮助我们逐渐辨识情绪的来源，让我们在当下以更真实的情绪和对方互动。

13

换你试试看：

1. 搜集线索：

（1）每次当他 _____（行为），都会让我觉得 _____（感觉）。

或

（2）他的 _____（特征），会让我觉得 _____（感觉）。

2. 辨识感受与期待：这种 _____（感觉），是因为觉得自己被 _____（例如：被指责、被压迫、被称赞）。如果可以，我希望他 _____（例如：对我温柔一些、给我支持、说点鼓励我的话）。

3. 搜寻类似的情感体验：在我的成长过程中，给我同样感受的人是 _____。

情绪觉察2

1. "移情"指的是，将自己对生命中某些重要他人的情绪、感受，转移到其他人身上的现象。

2. 当移情开始作用时，我们不是在与眼前这个人互动，而是与过去对某个人的情绪或感受互动。所以，我们其实"看不见"眼前这个人的真实样貌。

千错万错，都是别人的错？

我们看不惯他人的地方，或许也是深藏在自己内心的一部分，只是我们无法或不愿意去面对。

阿达对新主管相当看不惯，他觉得这个年纪小自己一轮的小屁孩，不但是令人生厌的"空降部队"，还是个相当霸道、坚持己见的人。自己每每与他讨论事情都得按捺心中极大的不悦，才不会让满到喉咙的脏话脱口而出。

"他心里想着要整我，脸上竟然还挂着和悦的假笑，真是恶心。你们受得了他吗？"下班后和几个同事聚餐，阿达一口干掉杯子里的清酒，愤愤说道。

"我是觉得还好。"同为业务员的坤仔帮阿达倒酒，继续说，"主管嘛，讲话总是要有点威严……他私底下其实挺温和老实的。"

"他能力不错，讲话是直接了点，但是提的方案都挺优秀的，也会征询我们的意见。"同科室的 Cash 肯定道。

"不是吧？你们怎么了？"阿达听了觉得呼吸有些困难，无望地看向还没说话的阿飞，说："喂，你该不会因为身为他的助理，所以也帮他说话吧？"

"阿达，有时候跟主管沟通别太强势，硬碰硬对你没好处。"阿飞好言相劝。

"我强势？！"阿达一阵眩晕。他不知道发生了什么事，为什么这几个向来有"革命情感"的兄弟，竟然一反常态地帮着"敌人"说话。

投射——其实，你讨厌的是你自己？

我记得在某次成长团体的活动中，一对姐妹因为"孝顺"的议题而争吵。姐姐年约四十岁，在家附近的便利商店打工，除了上班之外，其他时间都在家陪伴父母亲；妹妹则是高中毕业后就长年在外地生活，很久才回家一次，因为不喜欢爸妈之间频繁的冲突，有一两次她甚至连过年都没回家团圆。姐姐为此相当不谅解。

姐姐指着妹妹说："爸妈辛苦一辈子，就是为了抚养我们，你怎么总是坚持自己的想法，不顾他们的感受？"

"'孝顺'就是要牺牲自己的人生？你难道就不想搬到外面住、拥有自己的生活？"妹妹继续委屈道，"其实你也很早就想离开爸妈身边，拥有自己的人生吧！因为想要尽到你以为的'孝顺'，才选择留在家里。你只是无法接受心里那个也想离开父母亲的自己。"

不论是讨厌新主管的阿达，或是指责妹妹的姐姐，虽然他们的生气都有理由，但有没有可能，其实那些令他们生气的原因，完全跟别人无关，而是存在于他们自己的身上？

心理学有一个概念叫作"投射"（projection），意思是个人将自己内心

所厌恶、无法接受的特质，像投影机那样投映在别人的身上，当个人看到他人身上出现类似（事实上可能没有）的行为或特质时，就会对他人产生负面的感受。

这个过程相当有意思，一来是因为要去面对"原来自己身上也有自己讨厌的特质"本来就是不舒服的事情；二来是当我们在别人身上看到类似的状况时，透过讨厌或指责对方，不但可以抒发对这个特质产生的情绪，也可以让自己感觉跟这个特质毫无关系，这么一来，我们就能理所当然地避免面对自己的阴影。

子曰："见贤思齐焉，见不贤而内自省也。"这个"省"不只是借由看到别人不好的部分来提醒自己不要跟着重蹈覆辙，更重要的是，要去觉察自己身上是否就有这些令自己难以接受的特质。只是，人类的心理机制太聪明了，对于要面对令自己难以忍受的事情，为了避免自己感到不舒服，可能会在潜意识里迅速而熟练地加以否认、压抑，让自己假装没有这一回事。

觉察自己，正视阴影

我最常讲的一句话就是："很多事情你不看、不承认，不代表它们就不会存在。"那些令你嗤之以鼻的部分，其实通常是你内心无法正视的阴影。

阳光照不到的地方就会有阴影，但不管是阳光或阴影，每个部分都是自己最真实的样貌。因为每一个部分都是自己，所以并不需要去

破解情绪迷思

消灭它们，而是要去正视它们、接受"它们是真实地存在着"这一事实，然后学习如何与它们相处，而不是在模糊的情况下继续受阴影的影响与摆布。

当自我觉察不足时，我们对自己的认识经常来自于"想象"，因而影响了人际互动。就像阿达与强势的主管互动时总是"痛不欲生"，却没发现自己其实也是主观性很强的人，才让气氛如此紧张；当姐姐斥责妹妹"我行我素"时，也没觉察到自己对于自由的空气其实向往已久。

很多人跟他们一样，对于自己的"不舒服"都觉得无力改变，认为是别人的问题。然而，若能发现自己的个性或特质原来也是造成这些冲突与不舒服的主因，便能在可行的前提下选择和自己喜欢的对象互动，减少不舒服的机会；更重要的是，也能试着调整自己，减少人际冲突。

为人知与不为人知的四个"我"

心理学家乔瑟夫·勒夫（Joseph Luft）和哈里·英格拉姆（Harry Ingham）提出"乔哈里视窗"（Johari Window）的概念，认为人们对自己的认识，一方面基于对自己的观察，另一方面则来自于他人的反馈。因此，依据信息来自"自己"或"他人"，可分成四个部分：

1. 公开我：你对自己的认知、且大部分周围的人也都认同的部分。通常是个人显而易见的外表特征或性格特质，例如：高壮、肤色、说话音量、急躁、温柔等。因为你知道，别人也知道，因此这部分不太容易莫名其妙地影响你与他人的互动，是值得多加扩展的领域。

2. 秘密我：你对自己的认知、但大多数人并不知情的部分。通常是隐微的，也可能是个人不太愿意被外界知道，自己也不太愿意正视的部分。例如：身体的某些缺陷、自私、内向、某些特殊能力等。"秘密我"透过自我揭露，就会成为"公开我"的一部分。虽然"秘密我"可以保有个人的隐私性，但这部分若太多，个人就必须耗费许多能量在对外保密和隐藏上。

3. 盲目我：这是你自己没有觉察到，但周遭的人都看在眼里的部分。别人之所以没有告诉你，可能是不敢、不愿意，或者觉得没必要。"盲目我"透过别人的分享与告知，也会成为"公开我"的内容。要拓展这部分，除了他人的意愿之外，自己也需要拥有相当程度的勇气，毕竟要得知自己在他人眼里的样貌，是一件令人焦虑、不安的事情。

4. 未知我：这部分可以称为"未开发"的待探索领域。因为你自己与别人都不知道，所以通常是透过扩展前面三个"我"的内容来间接缩小"未知我"。

借由乔哈里视窗，可以引导个人觉察自我，并且透过他人收集"关于自己"的信息；加以整合后，便能帮助我们看见自己的盲点，进而更了解自己。

	我知道	我不知道
别人知道	1. 公开我	3. 盲目我
别人不知道	2. 秘密我	4. 未知我

练习 2 提升自我觉察

练习的顺序为：

1. 公开我：写出你对自己的认识，包括外表与内在。

2. 秘密我：写出你自己知道、但别人可能不知道的部分。如果愿意，可以找几位值得信任的朋友分享，让它变成"公开我"的一部分，也让别人更认识你。

3. 盲目我：邀请别人写下他们对你的认识。建议先从信任的亲友开始，虽然这需要极大的勇气，但对认识自己却很有帮助。当亲友反馈的内容比较少，或者与"公开我"内容重复时，就表示你的"盲目我"其实是较少的，也代表你对自己有较高的理解程度。

情绪觉察 3

1. "投射"是个人将自己内心厌恶、无法接受的特质，像投影机那样投映在别人的身上。当个人看到他人身上出现类似（事实上可能没有）的行为或特质时，就会对他人产生负面的感受。

2. 我们将自己主观的感受投射到别人的身上，可能是为了让自己理所当然地避免去面对自己的阴影。

3. 不管是阳光或是阴影面，每个部分都是自己最真实的样貌。也因为每一个部分都是自己，所以不需要去消灭它们，而要学习与它们相处，避免继续受阴影的控制与摆布。

4. 透过持续的自我觉察来提升对自己的认识，一来可以练习选择与自己合得来的对象当朋友，二来也能调整自己，减少与特定对象冲突的强度与频率。

"眼不见为净"有效吗?

真正的问题往往在于我们耗费许多力气去压抑、控制情绪,却鲜少或不愿去认识情绪的本质究竟是什么。

"一名年逾七旬的老妇人,深夜以利刃杀死睡梦中的丈夫后,吞下大量安眠药试图自杀……"一则社会新闻惊动了淳朴的小镇。记者访问邻居时,邻居们无不感到诧异,纷纷表示,这名妇人多次获颁镇上模范母亲的殊荣,是大家眼中的好媳妇、好妈妈,甚至是不可多得的好婆婆。她突然做出这样的举动,是大家始料未及之事。

"打从十五岁嫁进家门开始,丈夫就只顾着在外玩乐,家里大小事都要她来张罗;婆婆对她很苛刻,一出错就会被婆婆和妯娌揶揄;孩子相继出生后,经济更是拮据,生活过得很辛苦……"一个与她情同姐妹的老邻居在受访时如此感叹,却也让这看似冷血的举动有了一丝线索。

原来,这个当年未满十五岁、正值青春年华的女孩,在连"婚姻"是什么都还无法理解的阶段,就被迫要放弃朋友、梦想与其他需求,一肩扛起一个陌生家庭大大小小的琐事。她不仅要独自面对长辈们的批评与指责，在这过程中，丈夫也没有提供任何支持；在兵荒马乱之际，肚子里的女儿就呱呱坠地，使原本拮据忙乱的生活显得更加艰困。

因为添的不是男丁，她没能好好地坐月子，时常到了半夜还独自忙着家事。她不敢期待明天会更好，只希望未来的日子不要更煎熬。后来，她又陆续生了三个孩子，日子却没有像她所想的那般逐渐好转。她总是记得出嫁那一天，母亲在自己耳边的提醒："生活再怎么苦，牙一咬就撑过去了。"

多年后，婆婆去世，他们也搬到外面居住。当她好不容易累积了一些财富、不必再终日忙于工作时，很多事情却已回不来了——她因为长年的疲累而病倒，身边的孩子长大后一个个因为就学或工作而离家，唯一不变的，是老公依旧深夜才现身，一回家就是浑身酒气。

直到某个晚上，丈夫又因为赌博输钱而拿花瓶砸她，望着鲜血从那历经风霜、布满皱纹与伤口的手掌流下，她叹了口气，下定决心要亲手结束这几十年的悲惨命运……

"压抑"这颗未爆弹

类似前述的社会事件时有所闻，而那些没有反击，选择继续扮演大家眼中期待的角色的人，肯定多到难以计数。每次看到类似的社会事件，我都觉得这些憾事并非"突然发生"，而是"终于爆发"。

或许有人会认为以前那个年代的女性就是如此："那是传统文化所致，无须过于讶异。"但我在做咨询时却发现，纵使有些女性长辈提到这些经历时，会觉得自己本来就有责任，或为自己撑过那段日子感到骄傲，却也因为心里的那份苦总是无处可说而选择忽视，选择告诉自己无所谓、将之冰封，直到最后，好像真的忘记了这些往事。

在心理治疗里，这个过程叫作"压抑"（repression）。因为不被允许、不知道如何处理、无处发泄，所以选择抑制内在难受的情绪。

在过去，人们最常把"委曲求全""报喜不报忧"等话语挂嘴边，说久了、听久了，不自觉地就将这些态度奉为圭臬，自动将所有的委屈与痛苦往肚子里吞，负向的情绪有进无出地长期堆积在体内。因此到了最后，我们宁愿在夜深人静时独自舔舐伤口，也无法在他人面前坦露自己的难过。

人的心灵空间是有弹性的，这个弹性会帮助我们在遭遇相当程度的不舒服时维持正常的生活功能，经过消化与纾解后，重新腾出接纳其他情绪的空间。然而，即便是一个弹簧，若长时间处于紧绷的状态，也会失去弹性，成为一堆没有用处的废铁。

大量压抑的负向情绪像是沉积在水库底部的淤泥，长年堆积的情绪不但会破坏水库的蓄水能力，其巨大的负能量更可能会在一场大雨后，如溃堤而出的洪水般冲破坚固的防线，使我们失序，做出后悔莫及的憾事。最后，不是伤害自己，就是伤害别人。

不过，这个比喻还不够准确，因为水库的水量还可以加以调节，而人的情绪却难以随心所欲地加以控制。

我常听到人们既受挫又自责地说："我已经尽力了！我时时刻刻都提醒自己要努力克制自己的情绪，但有时候还是会忍不住'爆炸'、失控……""问题一定是出在我还不够用力控制自己的情绪，或者，我还不得要领……"

我们很用力，却总是很难控制自己的情绪。为什么会这样？

因为，真正的问题往往在于，我们耗费了太多力气在压抑情绪、控制情绪上，却鲜少去认识情绪的本质究竟是什么。

与情绪安然共处

压抑并非全然有弊而无一利，事实上，它可以帮助我们在某些时刻不必直接面对那些不舒服的感受，等到比较放松或有能量的时候，再来处理这些不愉快的事情或情绪。但是，如果只想要全然的愉悦，不想接触难受的情绪，那么渐渐地，我们会以各种逃避、扭曲或否定的方式来处理那些不舒服的情绪或感受。

那些我们不想面对的情绪不会就此消失，相反地，它们会转化成各种形式持续出现在生活中，干扰我们的作息，例如出现身体某些部位发生疼痛、免疫力下降、睡眠困扰、焦虑或忧郁等身心症状。

此外，我们否定了自己真实的情绪，也就等于否定了自己所遭遇或观察到的现象，而这会让我们距离真实的自己越来越远。

我们不是被情绪绑架的人质，情绪当然也不是令人闻之丧胆的冤亲债主，它是一种身心状态的呈现，我们的情绪会忠实地反映当下的所知、所感与所想。

我们很难直接左右情绪，但可以与自己的情绪和平相处。越是愿意靠近情绪，就越能够安然地与它共处。

在这里，所谓的相处是指"理解"与"接纳"。

·理解

了解情绪没有对或错，重要的是，我们要从情绪中看见自己最真实的样貌，包括探见自己的需求，觉察曾经受过的伤害，再渐渐从中找到更适当的表达与纾解方式，进而减少失控、崩溃的频率，不再害怕自己的情绪。

·接纳

接受情绪的存在。它跟呼吸与心跳一样，是一种随时随地都在发生且无可避免的状态。接受自己的情绪，也就等于接受自己内在最真实的样貌，而这也是通往了解自己真实样貌的重要道路。

虽然我们努力的方向并不是直接去控制情绪，但透过真正的理解，以及没有评价的接纳，能让我们更知道如何与情绪相处，间接达到让内在更稳定的效果。这样的过程是一种间接的改变，却也是最有效的方法。

情绪觉察 4

1. 当我们习惯将委屈与牺牲当作生活的美德时，也将同时吞下过量的负向情绪。

2. 过度压抑负向情绪将会破坏心灵的弹性，令身心受到伤害，还可能使我们做出失序的破坏行为。

3. 压抑与控制，无法帮助我们真正理解情绪、与情绪和平共处。

逐渐失温的"僵尸"

那些长期被封印的情绪，会渐渐迷失在混乱的迷宫里。带有这类情绪的人，长大后可能会继续努力压抑，也可能会不择手段、毫无上限地向外索求。

铉宇，大学电机系四年级的男生。他长相俊俏、身材挺拔，留着与眉毛齐高的刘海，眼神略显忧郁，看起来颇有几分韩国明星的气质。除此之外，优异的学习成绩以及篮球校队队长的身份，让铉宇在大学四年中都是校园里的风云人物。只是，这位人气极高的大男孩，内心却隐藏着不为人知的困扰。

他来找我是想谈一谈自己的感情生活。他说从大一到现在，交过好几个女朋友，不知情的人常在背后批评，说他依恃着优秀的条件而乐得当"花心大萝卜"。然而真相是，经常一段恋情才刚开始没多久，他就被对方莫名其妙地抛弃了。

当他说出这段话时，我仿佛可以感觉到满满的无奈，因为他觉得自己其实不像外界所说的那般花心，而且每次被提分手的人都是他，但他却无法告诉大家自己才是被抛弃的那个人，那样的话面子肯定散落满地。

"你思考过原因吗？"我问。

"有是有，但是想不出个所以然，不过……"他的脸皱成一团，"有个女生曾经对我说，她觉得我是一个没有温度的人，意思好像是我很没有感情……可是我并不觉得自己是那种无情无义的人。"

一个"并非无情，但没有情感、没有温度"的人？这个形容真是耐人寻味，但我一时间也没有头绪，只好继续往下谈。

这一谈，就谈到了家庭互动。

他说，小时候家里在菜市场卖鱼，父母亲每天都是天还没亮就开车到遥远的渔港去拿货，清晨再运载到市场做生意，没卖完的，下午再转到黄昏市场继续兜售，等到收摊回家都已是晚上七八点，草草吃个饭就得去洗澡、睡觉。

讲到这里，他突然叹了口气，继续说，父亲只要一碰到工作，就会变得相当暴躁，经常因为一些小事突然大骂母亲，连在一旁帮忙的他和弟弟也无一幸免。记忆中，他最害怕的就是生意不好。如果那天鱼货剩太多，当晚家人总是动辄得咎，不管做什么都会惹来父亲的责骂；要是当天学校刚好发考卷，他或弟弟又考得很差，那么下场……只能以"世界末日"来形容了。

有次他刚从补习班回家，父母亲因为生意不好而在家门口吵架。看到这情境，害怕的他只能无奈地站在门外等两人的争吵落幕。父亲责备母亲："在菜市场到底是干什么吃的，怎么会卖得这么糟？"母亲在累了一整天、身体又不舒服的情况下听到这句话，勃然大怒，将卖剩的鱼货往外丢了一地。

"去给我捡回来！不然晚上你也不用吃饭！"盛怒的父亲瞧见不知

道何时站在门口的他，大吼了一声就兀自转身走进家里。

虽然很难堪，但他也只能听话地蹲在人来人往的马路上，涨红着脸将无辜的鱼一条一条捡回来洗干净、放进冷冻库里。

"那你都怎么样避免自己遭殃？"我问。

"努力当个隐形人。"他说，"在家里，只要生意不好或在工作时，动不动就会被骂。有时在学校听到好笑的事情跟爸爸讲会被骂，被同学欺负了掉眼泪会被骂，连想问怎么帮忙工作也会被骂。

"老师，你可能很难想象，明明是一家人，我们也没做错什么，他却因为工作上的小事，用像骂狗的方式来骂我们。

"更扯的是，后来我上了大学，他还骂我一点都不活泼，不像隔壁小孩回到家就会跟爸妈分享大学生活。

"——分享个屁！"铉宇捏扁了手中的塑料杯，生气地说，"小时候跟他讲话，他正眼都不看我一眼！甚至会酸我、骂我，谁敢跟他分享？！"

"那你应该觉得很痛苦吧？在家里不能表达自己真正的情绪或感觉，因为那可能会让你被骂、被处罚。"

"对啊，不要有情绪，就不会被骂；不要有感觉，就算被骂了也不会难过。妈的嘞！"可怜的塑料杯瞬间被捏成一团。

"欸，你刚刚说的那句话再说一次！"像是传来"叮"的一声，我听到了重要的关键词。

"啊？老师，对不起，我不是故意要说脏话的，只是太生气了，所以……"

"不是，我是指前面那句，请你再说一次。"

"哦，不要有情绪、不要有感觉，就没事了……"说到一半，他恍然大悟，"咦，这不就是那个女生对我说的吗？"

我看着他，轻轻地点头。

破解情绪迷思

"原来如此……"他喃喃自语道。

他说，如果是这样，那么那些曾经跟他交往的女生一定是觉得他很无趣。因为不管对方跟他分享什么事情，他都不会笑，也不会感动，而且他遇到挫折时只会以生气来表达，无法跟对方分享其他心情。如果女友遇到不开心的事情向他诉苦，他也无法安慰或鼓励对方，而是站在是非对错的立场大肆分析，有时甚至会觉得女友太笨、作茧自缚等。

害怕坦露情绪的"超理智型"

铉宇这样的行为模式，跟他的父亲其实是很相似的。他从小在与父亲的互动中，学到了"表达情绪是不被允许的"。为了避免不好的后果，为了不要感受到莫名其妙被骂的不舒服，他渐渐在生活中关闭了自己的情绪与感受。

在家族治疗的概念里，这种沟通形态被称为"超理智型"。这类型的人经常忽略自己与他人的感受，眼里只看得到工作与任务，并且习惯用极度理性的方式来分析每一件事情；要他们针对情绪、感受给对方支持或安慰，这无疑是天方夜谭。而这样的行为背后所隐藏的，其实是当事人害怕接触情绪、害怕自己可能会因为表现出的脆弱或开放了自己的心而受伤。

这样的沟通形态放在人际互动，甚至是亲密关系上，往往会遇到极大的困难。毕竟人不是机器，而是有血有肉、有情绪的生物，情感的接触可以让我们在挫折的谷底中重获面对挑战的勇气，让受伤的我们觉得可以被抚慰、被疗愈。如果两个人无法有感受与情绪层面的接触，那会很难建立起稳定而长久的亲密关系。

亲子传递的情绪表达模式

就像铉宇自己所讲的，他并不是一个无情的人。他一直都很渴望能与父母亲靠近，想关心他们，想分享自己的生活，也想和其他家庭一样，能与父母轻松地聊天打闹。然而，每次鼓起勇气后都引来责骂或被拒绝，这样的经历让他越来越退缩，也更加封闭自己的情感。

无法接触自己的情绪其实是很辛苦的，这会使我们难以辨识内在那些不舒服的感受究竟是什么，从何而来，更遑论该如何宣泄与表达。最终使用的宣泄方式，往往就是生气与指责；这样的方式治标却不治本，顶多只能宣泄当下的不舒服而无法处理真正的情绪，所以不管多么生气，内在总会隐约有股不舒服的感觉在波动，影响自己日常与他人的互动。

值得留意的是，沟通形态经常出现"亲子传递"的现象。孩子透过观察与学习，会不知不觉将父母亲处理情绪的方式内化成自己因应情绪的模式，接着再以这样的方式与下一代沟通。到后来，整个家庭的互动只剩下冰冰冷冷的对话与指责，少了脆弱时需要的支持、难过时需要的拥抱、开心时需要的分享、生气时需要的包容。

在零摄氏度以下的情感冰库里生活的小孩，在成长过程中也将逐渐成为一具在情感上失温的"僵尸"。当他进入另一段亲密关系时，你又怎能期待他给予对方温暖的拥抱呢？那是他不曾拥有过的体验呀！

情绪觉察 5

　　1. 无法接触自己的情绪其实很辛苦，这会使我们难以辨识内在那些不舒服的感受究竟是什么，从何而来，更遑论该如何宣泄与表达。

　　2. "生气"看似是发泄情绪最强烈而直接的渠道，其实无法让情绪如实得到宣泄与理解。到头来，生气不但无法帮助我们纾解那些不舒服的感受，更可能让我们丧失表达其他情绪的能力。

　　3. 孩子很可能在亲子互动中，观察、学习父母亲对于情绪的表达和沟通方式。这样的过程经常是不自觉的，而且他们会将这些情绪表达方式用来与自己的伴侣及孩子互动，继续影响下一代。

不要让"面子"影响了你的判断

有时候是我们为难了自己，却总觉得是别人让我们不舒服。因为，我们如何看待自己，就会觉得别人也是这么看待自己的。

才进入五月，骤然升高的温度已让没有冷气的校园显得浮躁许多，教室、办公室里，学生与老师不时忙着擦汗。午休时间的辅导室里，一名学生不知道为了什么事情，"砰"的一声用力将书包甩在辅导老师面前的地上。

巨大的声响引起了辅导室里所有老师的注目。

"惨了。"我心想，学生居然在众目睽睽下对老师摔书包？这下肯定会被狠狠修理一番。一场即将到来的灾难已在我的脑海里展开。

出乎意料地，剧情没有如我所想地发展。

"把书包捡起来。"A老师轻轻地说。她的口吻之平静，就像在请对方帮忙拿个东西或请对方让道一样。

正在情绪上的学生显然对老师的反应有些诧异，但还是留在原地不愿挪动。

"把你的书包捡起来。"A老师依旧以平稳的语气再次说道。

或许是一个巴掌拍不响，学生拗了一会儿，只好蹲下去把书包捡起。接着，这位老师才开始与他谈话。

为什么不生气？相信多少会有人因此而感到困惑。孩子在你面前用任性而粗暴的方式来表达愤怒，丝毫没有尊师重道的态度，难道不该生气吗？他可是完全不给老师留面子啊！

对于学生这么没有礼貌的行为，她为什么不生气呢？事后，我听到B老师就此事请教了A老师。

A老师回答：“我知道他是在用这种方式来表达他的愤怒。”她继续说道，“我想要处理的是他的情绪，他的情绪被理解了之后我再来讨论他的行为。如果当下我也跟着生气，场面大概会变得很‘火暴’，这样一来，再怎么重要的教育都免谈了。”

听完之后，B老师依旧有些困惑地问：“那……面子呢？”

“面子？”A老师也露出困惑的表情。

“就是……你身为一个老师的威严啊。”

“我没有想到这个哦！”

对话至此，上课钟声响了，两位老师纷纷去上课，但我相信双方心里或许都还留着各自的困惑。

“面子”到底重不重要？

面子在我们的生活中，的确扮演了很重要的角色。当我们顾及一个人的面子时，目的是避免让对方难堪，让他觉得被尊重，进而让他感觉自己是重要的、有价值的。反之，如果别人表现出不给我们面子的行为或语言，我们就会感到不舒服，觉得自己好像很没价值。所以，面子与我们所感受到的"自我价值"似乎有很紧密的关联。

当我们的价值被挑战、被忽视时，就会感到自己被冒犯、不被尊重，甚至因此觉得自己是不重要的，乃至于联想到自己是"没有价值"的人，而这当然是件令人相当不舒服的事情。

活在这个世界上，别人对我们的看法当然有一定的重要性。问题是，如果我们缺乏对自己的觉察、无法肯定自己，其实也就等于将鼓励自己、评断自我价值的权力拱手让人。

到后来，别人的一个眼神、一句话、一个动作，都会成为我们建立自我价值的唯一依据。换句话说：你是个怎样的人，都由别人说了算，而你自己完全丧失了判断与反驳的能力。

这样的结果会对我们造成什么伤害？

·自我价值脆弱

如果我们的价值取决于他人，那么我们对他人的语言或回应是缺乏抵抗力的（因为别人说了算），这样的自我价值显然建立在一种相当脆弱的基础上，别人的一句话就可能瞬间让我们崩溃，甚至对自我感到羞愧与怀疑。即使这些来自他人的信息可能根本不适当、不客观，我们还是没有能力予以辨识与反驳，因为我们已经习惯借由他人的回应来建立对自己的认识。

Part 1

破解情绪迷思

· 习惯负向的解读模式

由于很容易被别人影响，所以当别人在互动中使用负向语言时，我们可能很难辨识这些语言真实的本质为何，而一概将它们当作是攻击自己的语言，因此感到不舒服、委屈、挫折，甚至用攻击的方式来回应对方。

就像孩子摔书包的行为，可能让一个老师解读为"被攻击""自我价值被挑战"，而采取教训（攻击）学生的行动；但同样的行为对另一位老师而言，却无关个人价值，她可以客观地看待这个行为，所以不觉得有生气、恼怒的必要，从而能够平稳地采取相对应的辅导策略。

自己的价值，自己评断

一个人的自我价值会影响他看待这个世界的观点，而这样的观点会左右他的情绪及与这个世界的互动模式，进而影响环境对他的回应。最终，与别人互动的结果会再影响他对自己的观点与情绪，形成一个"自己影响环境，环境再影响自己"的循环。

因此，如果想避免成为人际关系或职场上令人敬而远之的"玻璃心""易碎品"，想避免经常被他人的行为或言语影响情绪，最好的方式还是要经常练习自我观察，提升对自己的了解。

我们必须时时练习自我欣赏，针对自己需要改进的地方予以正视与接纳，才能重新建立属于自己的真实而稳定的价值。

情绪觉察 6

1. 如果缺乏自我觉察，无法肯定自我，等同于把评断自我价值的权力拱手让人。

2. 若我们的价值取决于他人的回应，就会因为别人的一言一语影响我们对自己的看法，也可能把别人不实的攻击或批评拿来对付自己。

3. 不想成为人见人怕的"玻璃心"，就必须在生活中学习肯定自己的努力与进步，并且勇于面对自己不足的部分，才不会总是因为别人的回应而感到受伤、愤怒。

一代传一代？

那些家庭里隐而未说的规则，很可能经由代代传递，让家庭成员在情绪上承受着相同的苦。

咨询室的门即将关上那一刹那，一个娇小而瘦弱的背影停下脚步，接着她转过头看着门缝里的我，脸上像是写满了抱歉，并轻轻说了句话。她的声音很小很小，或许甚至根本没有发出声音。我听不见，却清楚知道那句话是什么。

我向她点点头示意，微笑着目送她离去。

时间回到前一天夜晚。晚上九点，我刚洗完澡，打开计算机准备写稿时，手机里的 LINE①突然传来信息提示声。

为了划分工作与生活的界限，下班时间我通常不太看 LINE，一来是避免休息时间也在处理工作的事情，二来是白天用了一整天计算机，下班后想让眼睛多休息。话虽如此，一阵阵急迫的信息声还是让我难以

---

① 韩国互联网集团 NHN 的日本子公司 NHN Japan 推出的一款即时通讯软件。——编者注

克制地拿起手机查看。这一看，一颗心就像突然发生故障的云霄飞车那样，卡在高空中。

那是辅导室群组传来的信息，主任说当天放学后，我的学生阿克因为不明原因情绪失控，趴在四楼教室外的阳台护栏上，大吼着要跳楼。在场的同学见状全都吓坏了，有些人试着安抚他，有些人赶紧去通报老师，有些则帮忙维持现场的秩序、提醒大家不要吵闹。

当时正值放学时间，他的举动引来其他班级学生的注意，教室门口围满了好奇观看的同学。班上的同学无不绷紧神经，深怕一个不小心憾事就会发生。

"明早先找他来辅导室谈谈，晚一点他的父母亲也会来，你再陪导师一起跟父母亲讨论他的情形。"看着主任传来的信息，我本来已经进入休眠状态的脑袋又开始转个不停。

第二天一早，他的父母亲如约到校，我们一起进入咨询室谈论阿克的状况。

谈话过程中，阿克的母亲几乎都是低头默默听着，几次发言都是因为丈夫到一旁接电话才有机会开口，且不管话说完了没有，只要丈夫回到位子她就会立刻闭上嘴巴，简直像装了个自动开关似的。只有一次，丈夫话说到一半，她像想到什么一样突然开口，但是说不到几个字丈夫就大声呵斥："你懂什么？"她便再次陷入沉默。

"爸爸你好，跟阿克谈话过程中，我发现这段时间他的确情绪比较低落……"

"低落？家里有让他缺过什么吗？我让他吃好穿好、用最好的手机，也不用担心学费，还有什么好低落的？"我才讲不到几个字，父亲就大声回应，"一定是日子过得太爽，才有力气想一些有的没的。"

"所以他在家里会跟你们聊——"我想了解一下他们的家庭氛围与亲子互动的情况。

"这不用你讲！你是不是要说我没有陪孩子聊天？这你放心，每天晚上我都叫他到我旁边坐好，叫他不要把我当成父亲，想说什么就说什么。"父亲的语气充满了自信。

"哦？那他都跟你说了什么？"我看到一旁的太太听了先生这一番话，眉头明显皱了一下，于是好奇地问。

"他都没说话。"

"啊？什么？"

"啧，很难懂吗？他都没讲话，就代表他的生活根本没遇到什么问题，有问题，他就会说了啊。"父亲好像有些失去耐心，觉得我净问些不着边际的问题。

接下来的半小时也是如此，都是由他的父亲发言，旁人毫无插嘴的余地。即使是他提出问题，我没讲几句就会被他否决或中断。有几次，我试图向他询问阿克与家人的互动情况，他却一再强调家里一切正常，还说他是很懂孩子的父亲，所以孩子不会有什么情绪问题。

即使只与他们见这么一次面，我多多少少也观察到了阿克家的互动模式与家庭规则①。尽管这位父亲口口声声说自己有多么民主，但我仿佛能感受到他的孩子与太太的苦闷和委屈。因为父亲的声音犹如不可违逆的圣旨，一旦他开口，其他人必须得保持缄默，以免惹来"杀身之祸"。除此之外，这个家里的声音也必须与父亲的价值观一致，否则就会被视为多余的杂音。

---

① 家庭规则（family rules）的主要目的，在于维持家庭系统内部的秩序与平衡。每个家庭多少都有自己的规则，它可能是明确具体的规则，例如规定孩子几点前要回家，或饭后由孩子轮流洗碗；也可能是隐而未说的潜规则，例如饭菜上桌时，晚辈不能先于长辈夹菜，或孩子不能说出违背父母期待的真心话，家人间报喜不报忧等。

家庭里，隐而未说的潜规则

"家"是一个人来到世界上最初始的学习场域，而父母亲当然是孩子生命中最初与最重要的学习楷模；父母亲彼此的互动、期待，以及价值观，则形成了这个家庭的规则。如果是更多人一起生活的大家庭，规则可能就更多、更复杂。

有些规则可能是明确而具体的，但更多时候，它们是以非语言的形式流通在家庭成员之间的，这些规则不但没有明文规定，还可能不容许被质疑、被挑战。

举例来说，一对回避情绪的父母亲，可能会在电视节目上演感人桥段时突然转到其他频道；在孩子难过流泪时对他说："哭也没办法解决问题"；当他们自己情绪低落时，告诉孩子他们没事，或用生气的方式来宣泄情绪；当孩子开心地宣布自己考得很好时，回答孩子："不可以太开心，会乐极生悲。"虽然他们从来没有直接告诉孩子"不能表达情绪"，但一举一动都在教育孩子："在这个家里，不允许表达情绪。"

孩子在无形中学到了这个规则，长大之后也会无意识地将之放进自己的家庭里，继续"培养"出另一批无法表达情绪的孩子。

将发言权还给自己

阿克父母亲的互动，也让我想起一件事。

在与阿克咨询的过程中，我发现他身上有着"相当配合"的特质——不管我说什么、问什么，他都会延续着这个话题来回应，丝毫不跳题；就连导师叫他来接受咨询，他也毫无异议地就来了。或许对师长而言，这孩子很听话，也很配合，但我却觉得这对一个青少年而言，好像少了一点什么。

事实上，阿克这种"别人发球他就努力接球"的模式，也反映在人际关系上——不管喜不喜欢、愿不愿意，只要别人开口，他就会尽力去完成。于是，我开始试着把话题的发球权还给他，每次咨询开始时，我就问他："今天你想谈什么？""今天你想做什么？"让他有机会为自己想要的事情发声，而不是让他配合着我。结果，这样的模式果然让他很不习惯："老师，聊什么都可以，你决定就好啦。""我不知道……"

我带着他去觉察自己这种"习惯配合别人、难以自己做决定"的模式，他才恍然大悟："对啊，我好像真的都是这样。"并且有点担心地问："老师，我这样是错的吗？这样是不是很糟糕？"

其实，这个问题的答案不该只是局限在"对／错""糟糕／不糟糕"这种绝对的二选一上。因为这样的模式在大部分的人际关系中，的确能为他博取"好孩子""好朋友"的正向肯定，但是如此全盘接受的个性，也会让他习惯性地压抑自己，否认自己的需求，接着就会越来越郁闷，甚至觉得自己没有价值。而这样的忧郁、自卑，正是阿克在咨询中所凸显的核心议题。

一开始我很纳闷阿克这样的模式是从哪里学来的，但在与他的父母亲谈话后，我心里也有了个底。

下课钟声响起，阿克的父亲站了起来，意味深长地说："如果这样就叫作心理咨询，那我肯定也是个厉害的心理咨询师。"说完话后大笑两声就径自转身离去。母亲听了后站在原地，似乎觉得很尴尬，除了频频点头致歉外，也不敢多说些什么。

送他们离开咨询室后，她再次转过头来，充满歉意地看着我，微微鞠躬。我也点点头，向她道别。

我想，阿克的母亲应该很清楚阿克的忧郁情绪从何而来，因为这样的苦，她肯定也吃了不少。

情绪觉察 7

1. 每个家庭多少都有些清楚、具体或隐而未说的规则，规范着家庭成员什么能做、什么不能做，什么是被鼓励的、什么是被禁止的。

2. 隐而未说的家庭规则不容易被觉察，但当它与我们的价值观或态度差异太大，而我们又不敢违背时，就会让我们感觉不舒服。

3. 个人若没有觉察家庭规则对自己造成的影响，即使在成长过程中感到不舒服，还是可能在不自觉间学习了这些规范，等到为人父母时，就会将这些陈年的规则放到自己的家庭里。

男人不许哭?

为了在不容许表达真实情绪的环境里生活,人们只好假装自己感受不到任何情绪,时间一久,却真的忘了自己是有血有泪的生物。

分享一个关于我父亲的故事。

我们家一直以来都是"吃饭配电视":一边吃饭,一边看电视。孩子们叽里呱啦聊学校的生活,爸妈则聊聊菜市场的八卦。妈妈在厨房煮菜的时候,总会有人先在客厅的餐桌上铺好报纸,接着打开电视机、转到大家最喜欢的节目,然后各自就位,等待着妈妈上菜。这样的分工也算是我们家的默契之一。

记得是上高中的时候,我开始发现一个特殊的现象。

好几次当电视里的节目演到感人的桥段,父亲就会默默地放下碗筷,起身离座,然后走到外面去。我总是很纳闷:看了这么久,终于等到精彩的部分,干吗不看呢?明明盘子里还有他最爱的卤虱目鱼①头,为什么不吃完呢?

①大陆称"状元鱼"。——编者注

问过父亲几次，他都说是去处理还没做完的工作，或是"吃得差不多，出去散散步"。但是，那碗饭明明才吃到一半而已，真的有这么多工作要做吗？这困惑一直搁在我心上。

直到某年清明节到纳骨塔扫墓，祭拜结束后，父亲叫我们先下楼休息。我走到一半才发现有东西遗留在上面，又折返回去拿。快走到阿公①的塔位时，我看到父亲独自站在阿公的照片前，双手拿着香，小声地说话，脸上还挂着眼泪。

从小到大，我几乎没有看过父亲掉泪，我想，父亲应该是不想让我们看到他掉眼泪的样子，所以叫我们先离开。那一刻，我才终于理解：对于这个白手起家的男人而言，在创业、养家的过程中，他需要极大的勇气和毅力，才能面对庞大的压力与困境。再怎么辛苦，他都必须撑住，这样妻子、小孩才能有所依靠。所以，他不允许自己脆弱，但是时间久了，却慢慢忘了自己原来也会脆弱，忘了自己也有权利脆弱。

当脆弱不被允许

哭泣，在中国传统的文化里对男性而言无疑是一种丢脸、懦弱、难登大雅之堂的行为。而其背后所传达出来的真正含义是：男人不能脆弱。

类似的价值观从小就如阴魂般无所不在地围绕着我们："跌倒不许哭，爱哭羞羞脸。""男孩子不可以哭，打回去就对了！""哭什么？打起精神，撑过去就是一条好汉！""别哭，这一家子都靠你。你要是软弱了，妻小怎么办？"

---

① 闽南语中称祖父为"阿公"。——编者注

像这样，许许多多的声音如同反复播放的魔咒，在不同的成长阶段，放出相对应的句子。不论这些句子如何变化，它们都有共同的主旨："一个男性应该要坚强，不该脆弱。"

但是，人本来就是充满各种情绪的动物，即使我们再怎么努力恪守文化施加在我们身上的期待，遇到难以承受的事情时，我们依旧会感受到与脆弱有关的情绪。感受到情绪，却不被允许如实表达出来，怎么办？最终我们选择的方法，就是欺骗自己。

在我们的文化氛围里，比起脆弱，男性更被鼓励要不畏困境、勇往直前——可以愤怒、可以攻击，甚至可以伤痕累累，但就是不能脆弱与退缩。既然心里的郁闷不能大声说出来，那么，要么借酒浇愁，要么干脆用这个文化唯一允许的方式——生气，来表达内心所有的不愉快。

为什么如实表达情绪很重要？

在面对各种情绪时，如果我们缺乏辨识能力而只用某一种情绪去表达，久而久之，我们就离自己的真实情绪越来越远，并渐渐丧失了表达其他情绪的能力。

这会有什么可怕的后果呢？

·情绪难以拨云见日

总是用生气来代替其他情绪，慢慢地，我们会越来越难感受自己当下到底有哪些情绪；无法感受到自己真实的情绪，就很难表现出适当的行为。

例如，明明很担心晚归的家人、明明是心急如焚地帮孩子送准考证到考场、明明是心疼孩子被欺负，但是这些出于"爱"的担心，最后却一概以怒骂的方式来表达，不仅使对方感觉很受伤，自己也为此后悔、愧疚。

· 丧失表达其他情绪的能力

情绪表达是一种能力。既然是能力，就得透过练习才能越来越熟练。

如果我们没有觉察自己的情绪而一概以愤怒来表达，到最后，我们真的就只剩下生气的能力了。

· 增加与他人的误会与冲突

习惯用生气来表达所有不愉快的情绪，别人其实无法理解我们的状态，对方可能会因为我们的生气而产生误解，造成彼此之间更多无谓的冲突。也许我们原本是想为自己做点解释，或与对方好好沟通，却因为不习惯自己的紧张而自动以生气来表现，最后就因此弄巧成拙。

不可轻忽的社会期待

事实上，不只男性，女性也很辛苦。因为我们不仅剥夺了男性脆弱的本能，也同时否定了女性生气的权利。

稍微注意一下，会发现我们的文化比较倾向让女性以难过、脆弱的方式来表达愤怒。如果女性生气，就会被贴上"泼妇""不温顺"等负向标签。这样的期待显然不合理，因为女性并不如文化所期待的那般脆弱，她们也会有生气与不满，如此不合理的期待使女性只能压抑自己的愤怒，转而认为自己无力改变事情，也不能为自己争取需求。

这些现象，其实都是文化的价值与期待在影响我们的情绪表达方式，进而扭曲我们对自己的认识，甚至不自觉地否认或压抑自己的情绪与需求，使我们离真正的自己越来越遥远。

文化的力量当然不容小觑。虽然近几年有许多关于性别的刻板概念已在许多人的努力下，渐渐有所反转与提升，但整个环境要达到性别平等与客观的目标，显然还有很长一段路要走。我们还是有必要时时去觉察：主流文化夹带的价值观对我们造成了哪些影响。

越能辨识外在环境对我们造成的影响、探索自己内在的哪些想法与文化相符或冲突，就越能够觉察每个行为背后的动因，究竟是源于我们自己主动想去做，抑或是来自文化的逼迫。我们越能清楚自己的所思所为，也就越能减少被莫名情绪影响的机会。

情绪觉察 8

1. 社会文化会规范我们的情绪应该如何表达才是"正确"的，但这可能让我们远离自己，选择用压抑或批评的方式来面对自己的情绪。

2. 若我们习惯只用生气来表达其他情绪，久了就会丧失表达其他情绪的能力，不但造成人际互动中的冲突与误会，也让其他真正的情绪没有机会被看见。

3. 情绪表达的权利当然不该因性别而有所差异，既然男性可以表达脆弱与难过，女性当然也可以表达愤怒与不满。唯有放松地表达各种情绪，才能让身心更健康。

「一定要帮助他人才能得到的爱」，其实是充满条件交换与勒索的爱。

请记得，我们被爱，是因为我们本身就值得，

而不是因为我们付出了多少劳力，或如何委屈自己。

各人造孽各人担

"冤有头，债有主"，没有人需要为别人的情绪负责，当然，也没有权利因为自己的情绪而攻击别人。

"要有礼貌，看到长辈要称呼人家哦！"父母亲耳提面命。

孩子困惑地回应："妈，我在路上遇到伯父很多次，我有叫他，但是他都好像完全没有看到我。""我在姨妈的脸书上留言，她有回复别人的信息，可是都没有回复我。""我在学校跟表弟打招呼，他也都不理我。"

许多人都有过类似上述的经历：上一代的亲友因为彼此的冲突，把怒气发泄到彼此孩子的身上。孩子虽然不知道到底是什么状况，但也多少感到困惑。

这种状况在农历过年、家族成员同时聚在一起时，也经常出现。

"你把这个红包拿去给某某的孩子。""你去叫某某来吃饭。""你去跟某某说，我们今年不一起去拜拜①。"大人小声对孩子说。

_____

① 台湾风俗，每逢佳节或祭神日，大宴宾客，俗谓之拜拜。——编者注

"你们干吗不自己去说呢？"孩子不解，那个"某某"明明就在距离不到两米的地方，爸妈为什么不直接讲就好了？

"啰唆，去就对了！"大人恼怒，用力拧了孩子的大腿。孩子哀号一声之后只能乖乖照办。

尤有甚之，大人甚至会对自己的孩子进行"洗脑"，告诉他们某某人多么糟糕、多么可恶，或不需要对他们有礼貌等。而孩子本着对父母亲的忠诚，也会在不自觉的状态下将对方当成敌人，大人的情绪也因而持续延伸到无辜的下一代。而这种情绪蔓延的源头，很可能只是从一些微不足道的摩擦开始渲染的。

情绪的界限

俗话说："冤有头，债有主""各人造业各人担"。看似简单的两句话，却清楚点出"界限"（boundary）的重要性。

在现实世界里，界限是为了划分出特定的区域，让界限内外的空间不至于混淆。情绪的界限则是指个人在心理层面能够将自己与他人区分开来的一种抽象概念：你是你，我是我；我们都可以拥有自己的情绪与需求，但也必须为自己的情绪与需求负起责任，而不是透过各种方式来控制、威胁对方，逼迫别人来满足我们。

情绪界限模糊的人，难以觉察自己的情绪从何而来，也不清楚自己要为这些情绪负哪些责任。

因为缺乏自我觉察，所以可能会将情绪归咎到外在世界；因为不清楚情绪的本质，所以会到处找其他人结盟，企图要别人来为自己背书、壮声势。

举例而言，这样的人把汽车违规停在红线①上，被他人检举、拖走后，却抱怨检举人，抱怨拖车大队，抱怨世界不公不义，甚至发文到脸书，希望得到"同温层"②的支持，他从来不会想到是自己违规在先，反而在心里充满对外界的愤怒。或者，即使发现自己有错，还是硬要找个人来宣泄情绪。

为什么厘清界限很重要？

在家庭当中，界限模糊的父母亲可能会将自己的情绪以各种方式发泄在子女或伴侣身上，或是严厉要求子女达到某种成就，但这个成就可能是他们自己一直无法达到的，于是不自觉地透过子女来弥补自己内在的缺憾。

相对地，界限清楚的父母亲能够觉察自己的情绪，他们当然也会感到难受，希望有人可以来陪伴自己，或想要纾解情绪，但不会随意将伴侣或孩子作为情绪发泄的对象。

界限清楚的父母亲能够觉察自己在成长过程中对自己的期待与缺憾，也能同时了解孩子有着自己独特的专长与个别需求，而不会以爱之名，将自己的价值观强加在孩子身上，并责备孩子怎么都不懂得父母亲的苦心。

---

① 在台湾，路上的红线是禁止停车标线，将车辆停在红线上是违章停车。——编者注
② 原指大气层中的平流层。现指在网络技术的帮助和主观的选择下，人们往往会选择与自己观念相近的信息，而排斥立场相反的信息。——编者注

一个情绪界限清楚的人，能够感受到自己内在的喜怒哀乐究竟因何而起、从何而来，所以不会将"我会 _____，都是因为你"这种话挂在嘴边。

他们也能辨别某个冲突仅止于自己与某人的关系，而不会刻意将其他人拉进无关他们的情绪旋涡里，然后无上限地渲染或攻击对方。

想要判断自己的界限清不清楚，最容易的方法是，当你发现自己不管什么事情都会认为是别人的错、是别人造成的、是别人搞砸的，自己绝对完美无缺，并且期待对方负起责任、向你道歉、满足你的要求与期待的时候，请注意，你的界限很可能是模糊的。

有些人看到这里，脑海里也许已经"噔!"的一声有所顿悟：原来，界限不只是与他人保持适当而健康的距离，它还有个更重要的意义——个人与自己的关系。

是的，没有错。

界限不清楚的人，一来缺乏对自我的觉察，二来也无法清楚分辨人我之间的分际，当然也就无法设身处地站在他人的位置替他人着想，或是同理他人。

别让模糊的情绪界限坏了关系

我曾听朋友提过他公司里的某位主管，让我印象相当深刻。

这位主管每次开会时，总要花上一个小时宣扬自己对公司的丰功伟绩；凡是员工有不错的业绩或表现，他会用各种方式来表示那是因为他的提携与指点；如果有员工开会时提出自己的想法，他就会怒不可遏，因为他觉得那位员工不懂他的智慧、不接受别人的想法；员工家里出现一些状况时，他会强势命令对方该怎么做，当然，他也会斥责那些没有照他的意思去处理家务事的员工或朋友。

到后来，几乎所有员工都尽可能避免与他接触，原因很简单：他不但涉入了别人的私领域，将自己的情绪投射到他人身上，混淆的界限也让他总是以贬低他人的方式来建立自己的成就感。可以想见，身为他的家人、伴侣、孩子，应该也很辛苦且煎熬。

一个拥有清楚界限的人能够与他人建立亲密关系，也可以同时保有自己的隐私与空间。他可以关心对方，但不会过度干涉对方的生活，更不会有意或无意地控制他人；他可以分辨自己与他人的情绪，而不容易受他人的影响。

清楚的界限，能让我们为自己的言行负责任，不随便将自己的情绪蔓延到他人身上；另一方面，也不会轻易让别人的情绪影响我们，不随意为别人的事情负起责任。

界限清楚并不是自私自利，更不是我们想象的什么责任或利益都要斤斤计较。相反地，清楚的界限能让我们在关系中不伤害别人，也能更懂得保护自己。

情绪觉察 9

1. 界限是指，个人在心理层面能够觉察自己的情绪和需求，也可以将自己与他人区分开来的一种抽象概念。

2. 每个人都可以拥有自己的情绪与需求，但也必须为自己负起责任，而不是透过各种方式控制、威胁对方来满足自己。

3. 拥有清楚界限的人能与他人建立亲密关系，也懂得保有自己的隐私与空间。他可以关心对方，但不会过度干涉对方的生活，或不自觉地控制他人；可以分辨自己与他人的情绪，而不容易受他人的影响。

欲速则不达

最熟悉的道路，未必通往最正确的方向；最习惯使用的思考模式，
也可能将我们推入痛苦的深渊。

某次受邀到学校演讲，讲座主题是我自己写的书的内容。但前一晚
在准备讲稿时，我才发现手边竟然找不到那本书，只好赶紧冲到家附近
的书店购买（去书店买自己的书有种很奇特的感觉）。

踏进书店，我熟练地走到心理励志相关书籍的架子前很迅速地看了
一轮，却没有如预期般看到自己的书。于是我从上到下、由左至右，以
地毯式搜索的方式一本一本再次扫视，竟然都没有看到。

"欸？我记得之前是放在这附近啊？"充满困惑的我连同周围的书架
都仔细地找了第三遍、第四遍，然后第五遍……结果还是，没——有——
找——到！

"咯噔！"正当我一边焦虑即将到来的演讲会不会来不及准备时，
一个声音突然在我的耳边响起："难道是……被下架了？！"

不得了！这道声音一出现，我就像是被豢养的猫咪听见主人开罐头
的咔啦声，牢牢地被抓住了注意力。

紧接着,脑海开始飘过一朵朵乌云,每一朵乌云上都嵌着一句可怕的内容:

"天啊,这本书肯定是卖得很糟,才没有被摆在架子上。"

"如果这本书卖得很糟,内容应该也不怎么样。"

"用一本不怎么样的书作为演讲的内容,会有分享的价值吗?"

"这样子会不会太对不起主办单位与满心期待的听众呢?"

"完了,我讲完这场之后一定会恶名远播,从此结束心理咨询师的生涯……"

正当我被脑海里的乌云雷电夹击得体无完肤之际,在一旁整理书籍的店员突然出现,用亲切的口吻问:"先生,请问需要什么帮助吗?"

我像是从梦境中被唤醒,困窘之余,支支吾吾地说出书名。

"没问题,稍等一下哦!"热情的店员立刻小跑到计算机前帮我查询,一会儿,她抬起头说:"先生,不好意思,这本书昨天刚好卖掉哟。"

"刚好卖掉?"我很疑惑,"这本书……有被放过在架子上吗?"我暗自用指甲用力掐了一下自己的手,确定没有听错店员说的话,以及眼前的店员是真人而不是幻觉。

大概是看我的神情有些怀疑,店员笑着说:"有啦,这本书从出版到现在,每次上架后很快就卖掉、补货,然后又卖掉。"

"这样呀?"虽然我表面强装镇定,但这句话犹如夏天里沁凉的微风,不但让我内心的风铃敲出悦耳的铃声,也瞬间吹散了脑海中的大片乌云。原本感到窒息的胸口,又得以呼吸到新鲜的空气。

习惯性的"灾难化思考"

我们在生活中少不了类似的经历:针对某个信息,很快就会联想到不好的结果,或感受到不舒服的情绪。这种不舒服的感觉可能会持续很久，直到某个关键的回应出现，例如："我只是刚好离开位置，没有及时回应你的信息。你还好吗？""我前天严重感冒，所以才无法答应和你一起去逛街。要不要今天下班后一起去吃个饭呢？"累积在内心的坏情绪至此才像是被拔掉盖子，瞬间消失，同时心里也灌进了不少好情绪。

接着，你在内心对自己说："唉呀，原来都是我多想了呀！下次不要再这样吓自己了。"然后松了一口气，露出欣慰的微笑。

但是，你可能没有想过，不管你松了几口气，同样的模式都可能会在你的生命中重复上演。

认知心理学家阿伦·贝克（Aaron T. Beck, 1921— ）认为，这种未经求证就不由自主地往负面延伸的思考，通常有几种特征。我以前文自己的例子来做说明：

1. 选择性摘录——对于整件事情只注意负面的部分。明明出版社表示销售情况还不错，店员也说补货好几次，我却选择只专注在"架子上找不到我的书"这件事情上。

2. 灾难化思考——将担心的事情夸大与渲染。在未经确认的情况下，只透过少数线索做负向推敲，就开始担心：如果这本书卖得这么糟，是不是代表我的咨询也做得很糟？别人会不会觉得我只是一个空有外表却不专业的心理咨询师，从此没有机构愿意和我合作，然后沦落到露宿街头？

3. 独断推论——缺乏现实根据所做出来的推论。书没有放在架子上，心里便想：一定是出版社没有努力帮我推广、书局对我的封面有意见、店员觉得我的书没人要买，所以懒得及时补货。

4. 过度类化——将某个负面的结果作为对其他事件的推论。这本书如果卖得很糟，之后我的书大概也不可能畅销，我看我还是尽早死了写书、当作家这条心吧（天啊，想到这里要不绝望都很难啊）。

不难发现，上述的思考模式都有一些共同点：扭曲事实，迅速、自动且难以被个人觉察的灾难化思考。这样的思考模式长久下来，很可能令人感到无力、受挫，进而攻击自己，甚至陷入忧郁的状态。

如何破除"灾难化思考"？

在实务经验中，我发现许多来谈者在人际互动或亲密关系的相处上，经常会因为灾难化的思考模式而让自己身陷在痛苦的情绪中，甚至影响了现实生活中与他人的互动质量。

最常引起灾难化思考的情境有：对话窗口里的"已读不回"、主管否决了自己的提议或请求、伴侣一个不经意的眼神、挚友最近减少见面的频率等。诸如此类的情境一旦开始就会令我们觉得困惑，接着就是焦虑、恐惧。因为我们不确定彼此之间是不是发生了什么事情却不自知，也不确定关系是否因此变了调。

一旦启动了这种思考，我们甚至可以推论出上百种各种各样充满灾难

的结果，重点是，其中绝大部分可能都缺乏客观事实的根据。

　　既然这些推论的基础可能是主观、偏差和虚假的，那么要让自己避免陷入这种痛苦的想象里，就必须透过一些方式提醒自己暂停习以为常的思考模式，练习采用比较客观的推论。我以现代人最忌讳的"已读不回"为例来说明：

·【探寻替代性的解释】拓展看事情的观点

　　当我们在某个观点上钻牛角尖时，焦虑的感觉会持续加深，此时我们必须学习找到不同的可能性。例如：对方刚好有事要处理；觉得聊得差不多，暂时无须再回应；需要多一些时间思考或想要等到比较有空时再更完整地回应；网络突然中断等各种各样的可能性，而不只是一味地认为"对方不想理你"。

·【参照过去例外经验】找出曾经误解的经验

　　你过去是否也曾对相关事件做出灾难化的推论，但最后发现是自己误解了？那时候令你担心的原因是否跟这次一样？事情后来是如何演变的？例如，经过多次的经验，你发现好友是真的有事在忙而不是故意不回应，就能对自己说"看吧，人家是真的在忙，而不是不理我"。一旦你能辨识出当下的情境又跟以往曾经误解的情境很相似，就能够提醒自己避免一头栽进灾难的思考中，也降低错误地加以解释的机会。

· 【缩小范围，谨慎过滤】定义不同事情的重要性

透过不同角度的问句，帮助我们看见事情的更多层次，了解不是每件事情都同样严重。例如，有时我们会误以为每件事情的严重性都一样，当你能进一步辨别对于好友以外其他人的"已读不回"，其实你没有太大的情绪反应，下次当你在对话框里看到其他人已读却没有回应时，就不会自动化地感到焦虑或生气。

当然，并非所有我们想到的负面推论都是不正确的。有时在求证后，可能会发现的确发生了我们不乐见的状况，像是别人不喜欢我们、自己搞砸了某些事情、面临可能找不到解决方法的困境或无法有效地帮助身边的人……

这些状况都会让我们很难受。不过，透过上述的练习，将有助于降低自动化与灾难化的思考对我们产生的影响，让我们有机会停下脚步，更客观地去审视哪些思考内容不合理，是否还有其他可能性，并且减少不舒服的情绪感受。

练习3 减少自动化与灾难化的思考

以"好朋友拒绝我们的请求"为例。

1.【探寻替代性的解释】拓展看事情的观点：

他这次拒绝我，有可能是因为 _____。

2.【参照过去例外经验】找出曾经误解的经验：

过去他也曾拒绝我，不过不是讨厌我，而是 _____。

3.【缩小范围，谨慎过滤】定义不同事情的重要性：

这件事情只能由他来协助我才能完成吗？如果他没有答应这个请求，是否严重到代表他不在乎这段关系？他每件事情都拒绝我吗？还是这次他真的有困难呢？

除了上述的例子，当然也可以从生活中找出实际的情境来练习哦！

情绪觉察 10

1. 灾难化思考会让我们习惯性地（却未必能觉察）对每件事情在经过求证之前，就迅速地做负向而扭曲的解读，因而让自己处在痛苦的情绪里。

2. 灾难化思考包括只注意整件事情的负向部分，将担心的事情夸大与渲染，所做的推论缺乏事实的根据，以及将某个不好的结果作为对相关事件的推论等。

凡事积极乐观，身心永葆健康？

你是否想过：很多时候，我们所谓正向的态度会不会只是一种用来逃避面对真实与痛苦的手段？

不知道从什么时候开始，生活中有越来越多的老师、心灵成长书籍鼓励我们要保持正向的心态，用正向的思考与价值观来面对生命，好像透过我们自身心态的转变和抱持正向的观点，那些无法解决的问题就不会成为困住我们的痛苦情绪。仿佛维持正向心态就等于拥有身心健康。

于是，我们开始努力练习，习惯用所谓的正向观点来面对生命中的每一件事情，尤其是与苦痛有关的部分。

我们经常用下列的方式来告诉别人或自己：

"我分手了。"

没关系，好对象多得是，下一个会更好。

"我流产了。"

你还年轻，再怀就是了！

"我的存款被骗光了。"

不经一事，不长一智，就当作是花钱买经验吧！

"我觉得生活很困难，我很忧郁。"

你要知道，世界上有很多人过得比你糟，你要惜福，想想自己拥有的已经比别人多很多了。

"我曾经被最信任的人强暴……"

哎呀，人生的路还很长，想这些也无济于事。忘记这些过去的事情，自然就会海阔天空。

如此"正向"的转念，不外乎是期待正向观点能带来比较舒服的感受，让自己活得更健康。只是，我们真的因而变得更健康了吗？

这里要强调的，并不是受了伤就一定要耽溺在负向的情绪里才是"正常"，也不是正向的态度或情绪不好。保持正向的心理状态当然很重要，但你可曾想过，很多时候所谓"正向"的态度，可能只是你为了逃避难受情绪的借口？

"正向思考"无敌？

遇到困境或受伤时，有各种负向的情绪感受本来就是正常的反应（如果感受不到自己的受伤与失落，才是需要担心的现象）。如果因为害怕面对生命中的困境、不公平、限制、生离死别、失败或挫折等带来的痛苦与难受，而告诉自己要"转念"、要"正向"，那只是在逃避自己真实的情绪而已。

几年前，我曾经应朋友的邀请参加一个社团活动，里面的伙伴都相当友善、温暖。我其实是个对于陌生的社交情境容易感到焦虑的人，所以很少会主动去和不熟的人打招呼，但打从我进入这个聚会，许多人一见到我就热情地招呼、自我介绍并邀我入座。由于一开始就知道这不是什么直销的课程，再加上看到大家如此友善，我就渐渐降低了焦虑的感觉。

活动成员约二十人，课程开始，所有人围成一个圆圈席地而坐，依照领导者的指令开始分享自己的近况。

然而，随着活动的进行，我却开始觉得有些奇怪。在这个聚会里，每个人分享的都是生命中相当重大的创伤、挫折或失落的经历，但是在这里面却听不到任何抱怨、愤怒、哀伤等情绪。大家说的都是感谢——感谢那些人伤害我们；感谢生命遭遇这些痛苦；感谢失去，生命因而得以蜕变与成长。

最让我难以理解的是，有位目测约与我同龄、也是第一次参加的女成员用气愤的语气哽咽道，她小时候曾遭继父性侵，很长一段时间过得相当痛苦，前阵子又因为被同居男友严重家暴与性侵而住院治疗。结果周围的成员听完，却立刻鼓励她要尽快跳出被害者角色，要尊重生命的所有安排、感谢每一段经历带来的成长……

看着那位女成员讶异的表情和悄然而止的眼泪，我还来不及想象她听到这些反馈之后的心情如何，发言权就在一阵掌声中轮给了下一位成员——我。

"啊？我也要讲吗？"看着瞬间集中在我身上的众多眼神，我有些焦虑。

成员们没有说话，只是纷纷露出一抹好像训练有素的微笑，我的背脊陡升一股凉意。要知道，团体本身是有力量的，它虽然不是一个真实的形体，不会开口对你说话，但团体成员共同散发出来的氛围却会以明示或暗示的方式，表现出对团体内另一些成员的某些倾向性的期待。

这时，一开始感受到的友善，突然化成了一股压力。

众目睽睽下，我勉为其难说了小时候长期被班上同学排挤的经历，并说："到现在想起来还是会很生气，根本不觉得这对我有什么好处。"

话才讲完，我立刻感受到周遭的气氛变得相当紧张，就像有人讲了什么违反社会道德、大逆不道的话。

讲师挺直了腰杆，深深吐了一口气，接着缓缓说道："你被卡住了。"

"啊？卡住了？卡在哪里？"我困惑。

"所有的经历都是爱的流动。你必须清理你自己，才能看清楚这些伤害你的人带给你的礼物。这些爱的信息你都还无法顿悟，也接收不到，难怪你只会感受到负向的体验。"

成员听了纷纷露出恍然大悟的表情，并且向我投以同情的眼神，只有我依旧困惑得脸皱成一团。

不知道是不是看到我不太领情，讲师又再次提醒大家，要学习看见负向体验带来的礼物，才能让生活过得更美好。临走之际，成员们踊跃地到柜台缴交下一期课程的学费，并预约之后上课的时间。

伤痛如何疗愈？

疗愈是必要的，而"跳出被害者角色"也有助于我们生出面对困境的力量，但那些真实的情绪，却不应该因此被忽略与否认。

我同意，在痛苦的经历里的确有值得我们学习的地方，而过度耽溺于负向情绪也可能让我们缺乏动力与希望感。但是，人的情绪是真实的，再怎么痛苦，都是我们当下身心状态的反映。如果我们逃避了这些真实的感受，那我们也可能同时抛弃了觉察自我、靠近自我，乃至于真正疗愈自我的机会。这就像是治标而不治本，表面皮肤看似结痂愈合，伤口的内部却持续发炎、溃烂。

我要说的是，只要不伤害别人、不伤害自己，不管你用哪种方式来疗愈自己都值得被鼓励。然而，如果完全不正视那些令我们痛苦的事件，一味地压抑、否认且不去面对那些感受，而只用各种华丽口号来说服自己升华这些痛苦的体验，那只是一种逃避而已。那些没有被处理的苦痛，在生命的历程中很可能还是会一再地出现。

参加社团活动的那个晚上，我的耳边不断重复着"给出爱""让爱流动""接纳""放下"等字眼，还有社团成员吟诵了整晚的歌曲旋律。至于到底要给出什么爱、如何让爱流进来、爱要流向哪里、如何接纳、如何放下，始终都没有人能说出个所以然来。

哦，对了！那位被大家循循善诱、要她心存感恩的女成员，在中场休息时间离开教室后就没有再回来了。这是一个相当明智的选择。

情绪觉察 11

1. 如果逃避了内心的真实感受，那我们也可能同时抛弃了觉察自我、靠近自我，乃至于真正疗愈自我的机会。

2. 只要不伤害别人、不伤害自己，不管用什么方式来疗愈自己，都是值得鼓励的。

3. 一味地压抑与否认、不去面对痛苦的感受，而总是用许多华丽口号来说服自己正向解读这些痛苦体验，很可能会扭曲或压抑自己真实的感受。

重新认识不为我们所爱的情绪

一副名为"生气"的面具

生气是一副面具，戴上它，你可以拥有的最大好处就是：不必去面对自己的脆弱与痛苦。

哀伤治疗大师伊丽莎白·库伯勒·罗斯（Elisabeth Kübler-Ross, 1926—2004）曾在《用心去活：生命的十五堂必修课》（*Life Lessons*）一书中提到，生气往往只是一种表层的情绪，在这个情绪底下，其实还有许多没有被辨识出来的情绪。这些没有被清楚辨识的情绪，就这么在我们的内心酝酿、搅和、冲撞，让人感到不舒服，甚至影响我们的理性判断。

生活中让我们一开始感到生气，接着却又使我们为自己的愤怒感到困惑的例子，多到无法细数，例如：

·与亲戚或朋友相约碰面，对方却迟到时

我们会生气："拜托，居然迟到！会不会太没品了？"但仔细想想，会发现自己的情绪不只是生气这么简单，这里头其实还包括像是担心对方是不是在路上遇到了意外，或害怕对方是因为不重视我们自己才故意迟到等情绪。

·与老师讨论孩子的事情，或到机关单位申办事务，却不如预期顺利时

我们会格外生气，可能是因为在我们心里，已预设了这些人是机关单位的员工，缺乏为民服务的热忱、一副高高在上的姿态，还会指责我们。于是，为了避免被拒绝、被泼冷水，便采取先发制人的态度，例如预先想好许多证明自己没错的理由，或是对对方采用更凶悍的表达方式。

·重要他人没能确切理解我们所说的话时

我们会莫名地恼怒。这很特别，当别人听不清楚我们说的话时，通常只需再说一次，让对方理解我们的想法就好了，这实在不是什么值得生气的事情。但是，重要他人无法听清楚我们讲的话，却常常会让我们很快地将之联结到对方"不专心听我说话""不理解我"，乃至于推导至可怕的结论：你不爱我。

遇到类似的上述情境，我们应该在经过一番冷静后问问自己：我到底在气什么？刚刚真的有需要如此生气吗？我当下选择生气的目的是什么？生气真的可以达到我要的目的、满足我的需求吗？如果不行，为什么我们会自动化般地跑出生气的情绪？如果生气可以满足我们的某些需求，是不是也让我们同时失去了什么？

然后你会发现，其实刚刚也没有必要发这么大的脾气。最糟糕的是，

生了这场气，原本想说的话不但没有说清楚，还破坏了关系或气氛，更得为自己刚刚的行为向对方解释或道歉。

生气背后暗藏的情绪

看过上述的例子，不难发现生气往往只是一种表层的情绪。在生气的外衣底下，包裹的其实是各种各样更深层的负向情绪，比如难过、失落、害怕、受挫、担心、焦虑，等等。而这里所说的"负向"情绪，不代表它就是不好或有错的。情绪本身没有好坏对错之分，只是因为上述这些情绪经常让人感觉不舒服，因此在情绪的归类方面，我们会习惯把它们归纳成"负向"的情绪。

这样的归纳方式，其实也让我们觉得这些情绪是不好的，应该要远离或尽可能避免。例如：

"拜托！我一个大男人在大家面前掉眼泪，不好吧？"

"遇到这么一点挫折就难过，你以为我是白混的吗？"

"如果让别人知道我害怕被责备，绝对会被朋友看不起。"

重点来了，既然情绪的种类不计其数，为什么我们总是习惯指派生气登场？我相信，人们做的每件事情大多朝"主观上对自己有利"的方向前进；既然如此，我们总是选择生气，应该也代表有某种"好处"会伴随生气而来。

如同前面的章节"男人不许哭？"里提到的，文化对于我们该如何表达情绪，虽然没有明文规定，却有很深的期待。因此，相较于表达出真正的情绪得提心吊胆，担心会因此被嘲笑、批评、看不起，甚至丢了工作，选择生气似乎轻松多了，大不了被认为脾气不好而已。

然而，那样的生气只是一副用来掩饰真实自我的面具，无法替代内在最真实的情绪。

觉察——解放被文化禁锢的情绪

我很喜欢漫画《航海王》（*One Piece*）的主角路飞，在他身上，我们不但能看到传统文化所期待的男性该有的坚毅和勇敢，同时也能看到真诚的特质：他会因为遭遇挫折或分离而难过大哭；会因为成功而开怀大笑；也会因为同伴被欺负而愤怒。虽然他表达情绪的方式总是很夸张，但他至少能健康地表达自己当下的真实情绪，也不会将其他脆弱的情绪伪装成生气。

我常觉得，我们的环境对于情绪的规范是严格且不友善的，它逼着我们不得不戴上面具，从此压抑内在的情感。我们因为拒绝真实的情绪而免于被环境惩罚，却也因为得到环境的认可，而亲手遗弃了自己最真实的感受。

被压抑、被禁止表达的情绪，并不会因为我们用生气去加以掩饰就烟消云散。原本该要表达的悲伤、难过、受挫、害怕、担心，少了眼泪、怒吼，可能会让他人以为自己把情绪控制得很好，但这些满载的能量却会转化成其他形式压迫我们，最终演变成身体与心理的各种症状。

既然压抑情绪很可能带来负向的效果，而环境又不允许我们如实表达大部分的情绪，那到底该怎么办？

改变现状的第一步，永远是从"觉察"开始：觉察自己是否正在使用生气的面具，觉察这副面具底下的自己正在经历怎样的情绪，甚至觉察自己不敢把这些情绪表达出来，是在害怕什么、担心什么。光是这样的觉察，就能帮助我们更清楚地辨识自己的状态。

透过自我觉察，可以避免经常陷入模糊或未知的情绪风暴，也可以更清楚自己是否正在压抑或否认内在的情绪与感受。

一旦能觉察自己的情绪，知道自己正在用什么方式因应情绪，就更有能力决定是否要继续使用旧有的因应方式，或者，找寻更多元的方法来与情绪相处。

情绪觉察 12

1. 人们做的每件事都是朝对自己主观有利的方向前进的。既然总是选择生气，就代表有某种"好处"会伴随着生气而来。

2. 因为表达自己真正的情绪得提心吊胆，担心会被嘲笑、批评，甚至丢了工作，所以选择较轻松的方式——生气。然而，生气只是用来掩饰真实自我的面具，无法替代内在最真实的情绪。

3. 一旦能觉察自己的情绪，觉察自己正在用什么方式因应情绪，就更有能力决定是否要继续使用旧有的因应方式，或者，找寻更多元的方法来与自己的情绪相处。

其实，你不是真的爱生气

生气，是理解一个人的最佳入口。那之中经常充满许多混淆不清、难以说出口的情绪。

我常听到小学、初中老师因为班上某个同学有"情绪障碍"的问题而感到困扰（甚至认为那是一种疾病），而且每当有一个人提起，办公室里其他老师的声音就会如雨后春笋般一个个冒出来："我们班也有！""对啊，我们班那个某某某也是！""说到这个，我们班那个谁谁谁也这样……"

询问他们何以如此认为、从何评估与判断，结果不管是在都市或乡下，得到的答案都很雷同。其中比如"经常生气，什么事情都能生气""地雷很多，爆点超低"等，只要孩子有类似的表现，就会被看成是冲动、控制力偏低、情绪管控有障碍，才会"无所不气"。

这……乍听之下还真不知道该如何回应。是啊，一个人动不动就生气，而且什么都能气，这不是情绪出了问题，那还能是什么问题？总不会有人天生就有个兴趣叫"爱生气"吧？

然而，一旦往这个方向思考，我们就会想弄清楚，这究竟是什么

"症状"？这种症状的定义是什么？有没有什么药可医治？讲着讲着，"爱生气"好像就真的变成了一种疾病。

且慢、且慢！

请先别急着从教科书寻找"情绪障碍"这个疾患到底有怎样的定义。让我们先想想：一个人为什么要生气？

会不会生气也有某种功能，可以为他达成某种目的？如果"生气"也是一种表达方式，那他到底想表达什么？

孩子为什么动不动就生气?

分享一个我在咨询中遇过的案例。

大B是小学四年级的小男孩，皮肤黝黑、体形矮矮壮壮的，个性相当开朗。每次远远看到我的车开进学校的车棚，他就会一边举起短短胖胖的右手，一边朝我冲来，然后大声打招呼。

通常在与儿童或青少年咨询前，我会习惯先看看个案的转介资料表，并与他们的老师或家长谈话。先从周围的资料来了解外在环境是如何对待这孩子的，以此当作我认识他的参考之一（请注意，是"之一"而不是"唯一"，因为大人跟孩子看到的世界一定长得不一样），而学校将大B转介给我的原因是他很容易暴怒。

学生辅导的表格上标记着大B因为生理构造的问题，说话会有大舌头的状况，所以咬字不是很清楚。

"他讲话发音模糊不清，而且缺乏耐性，有时候话讲到一半莫名其妙就生气了。"老师说。

"他跟他弟弟啊，个性天差地远啦！人家弟弟个性温和，有什么话就慢慢讲。他倒好，连讲话都黑白不分，讲没几句话就摆臭脸、转头不理人。"爸爸说。

虽然我对生理机制的了解相当有限，但收集到这些信息时，我的脑袋浮现出一个假设，我决定在咨询初期再进一步观察并试着核对。

与大B第一次见面时，我先自我介绍，接着问他的名字。大B迅速讲了三个字，但我完全无法听清楚那是什么，于是请他再说一次。接着，他立刻翻了个白眼，把头撇到另一边，看起来是不打算理我了。

看着不想说第二次的大B，我试着同理："讲话真的是很讨人厌的事情，对吗？每次都要解释很多次，有时候别人还会笑你，感觉真的很不舒服。"

不知道是不是很少听到有人这样对自己说话，大B表情有些讶异，接着对我点点头。

于是，我的脑海里浮现了一个图像："说不清楚"与"生气"之间如牢牢绑着一条铁链般，密不可分。而我的直觉告诉我，大B的生气并不是真正的生气。

搅和成一团的情绪就像胡乱打成泥的食材，卖相不好，也不美味，勉强塞进肚子里会令人感到恶心且难以忍受。对于大B而言，这个生气可能也是如此，他不清楚自己为什么会生气，只是感觉到内心总是有很多的不舒服。

那么，我们就来看看大B的生气到底是什么原因造成的：

·挫折感

由于生理上的限制，大 B 无法清楚表达自己的想法，让别人理解自己想说的话。

这样的挫败经历在长时间累积后，会让自己感到很受挫，也可能因此感到灰心、不想再努力解释。

·自卑感

除了因无法清楚表达想法而感到受挫外，口齿不清也让他成了同学们取笑的对象，有时甚至连老师或父母都明显失去耐心，去买东西时总被他人投以异样眼光，让他越来越不喜欢与人接触。种种不愉快的经历都让他觉得受伤、感到自卑。

·缺乏适当的因应方式

大 B 无法改善生理机制对他在发音上的影响，周围的大人也无法有效地协助他停止外在环境给予的不友善对待，使他在心中累积了许多负面的情绪与压力。

小小年纪的他，对于这样的负向感受不知道该如何适当表达或发泄（发音不清楚的障碍又让他再次感到受挫），因此只能依靠生物的本能，以生气、攻击的方式来抒发心里的苦闷。

同理、陪伴，给予鼓励

很多时候，我们以为自己是在生气，但那可能只是内心未被清楚指认的情绪在作祟。

因此，想帮助大 B，就必须看懂他生气背后的脉络，才能理解他遇到的困境，并同理他所承受的挫折与压力。否则，我们很快就会产生"这孩子真是没耐性，话说不清楚，多说几次就好啦！""脾气怎么这么不好？这有什么好生气的！"的想法。如此一来，只是再次让大 B 感觉受挫，还会拉远彼此的距离。

在与大 B 咨询的过程中，我会试图告诉他：

"我的确没能一次听清楚你告诉我的事情，但我不会因此责备或嘲笑你。"

"我需要你多说一次，请你帮助我更了解你的想法。"

"把话说清楚也是我们该学习的一部分，这不只是你的责任，更不是你的错。"

若他愿意再说一次，我会感谢他愿意试着努力，而不是没好气地告诉他："一开始就像这样说清楚不就好了吗？"

而我做的这些反应，其实，几乎每个人都做得到。

受挫的心需要更多的理解与鼓励，才能生出继续挑战的勇气。心里的感受被理解、陪伴，且觉得安全，就不需要用生气来伪装自己的脆弱，用攻击来发泄心中的苦闷了。

情绪觉察 13

1. "生气"是人们最常使用却也最不受欢迎的情绪。对于生气，我们有很多种标签可以使用，然而一旦我们将生气视为病态，很可能就会深信这个人"情绪一定有问题"，却忘了去理解他为何而生气。

2. 搅和成一团的情绪就像胡乱打成泥的食材，勉强塞进肚子里会令人感到恶心且难以忍受。很多时候，我们以为自己是在生气，但可能只是因为心里未被清楚指认的情绪在作祟。

3. 生气的背后，可能有受挫、自卑、无力或缺乏因应方式等各种可能，一旦被理解了，人就可以更清楚自己的内在状态，并且试着用更适当的方式去因应。

被压抑、被禁止表达的情绪，

并不会因为我们用生气去加以掩饰就烟消云散。

原本该要表达的悲伤、难过、受挫、害怕、担心，

少了眼泪、怒吼，可能会让他人以为自己把情绪控制得很好，

但这些满载的能量却会转化成其他形式压迫我们。

正视恐惧，才能与恐惧相处

逃避并不可耻，偶一为之也很管用，但一味地逃避往往只会让结果更糟糕。

一直以来，我都很害怕要站在讲台上对着很多人说话。

有段记忆很深刻。上小学时，学校经常会在晨间设计一个"三分钟即席演讲"的活动，主任会临时公布题目，再抽出某年级的某座号，被抽中的小朋友就要上台进行三分钟的即席演讲。这简直是让全校学生人心惶惶的"整人"活动。

每到这时，一早我就开始手脚无力、没胃口、头晕、心悸，直到活动结束，这些症状才会自动缓解。但再怎么躲，该来的还是会来。

有一次，主任抽中我的座号，我像是即将被行刑的犯人，拖着沉重而颤抖的双脚走上典礼台。

"各位校长、老师、同学，大家……"握着冰冷又沉重的麦克风，脑袋一片空白的我，除了发抖，什么话也说不出来。看着台下黑压压的人群，不知怎的眼泪就夺眶而出。

呆站了半晌，主任大声吼道："校长只有一位！哪里来的各位校长？""有什么好哭的？男孩子讲个话哭什么哭？"

透过扩音器，这些话清清楚楚地回荡在静悄悄的操场上，站在台上的我听了更害怕，虽然告诉自己不要哭，但眼泪还是不听使唤地流下。

"好啦，下去啦！"主任看我大概也讲不出什么话来，不耐烦地说。隐约中，我还听见主任咕哝了一句："丢人现眼。"并且夹杂着台下同学们的笑声。

后来是怎么下台的，我自己也忘了，但是站在台上吓得发愣的那一幕，一直深深烙印在我的心里。或许是从那时开始，我像是被这份可怕的感觉牢牢制约①着，每次在要面对许多人说话的场合，我就会心悸、头晕，并且手脚发软。所以在求学过程中，我总是能闪就闪、能躲就躲，尽可能不当干部，不参加社团活动，以免让自己暴露在这种可怕的情境中。

然而，害怕归害怕，当了心理咨询师，演讲成了这个职业重要的工作方式之一。

接受挑战，正面迎击

每次在演讲前，我都要花很大的心力来稳住那快要爆炸的紧张感，用各种方式让主办单位、台下的听众看不出我的害怕与发抖。

演讲之于我，是很标准的趋避冲突②——推掉演讲的邀约就等于

---

① 制约，行为心理学的主要概念之一，指的是原本无关的某个刺激与反应之间经由学习产生了联结，当这个刺激出现，生物就会出现特定的反应。例如，"一朝被蛇咬，十年怕草绳"；又如，主人开罐头发出的金属声音，会让猫咪靠近主人身边，准备享用大餐；街上汽车的喇叭声会让我们不自主地心跳加快、提高警觉等。
② 在选择时所遭遇的困境。意指人们在面对某件事情时，想要靠近却同时也想逃避的内在冲突。例如，当他人对我们提出不合理请求时，我们既希望让别人留下好印象，又不想勉为其难地答应。

拒绝优渥的演讲费；接受邀约又得面对恐惧的情绪。不管做还是不做都难受。

直到某天，我与一位老师见面，她是相当知名的心理咨询师，经常横跨海峡两岸进行工作与演讲。在聊天过程中，提及我至今对演讲的恐惧，我请教她如何才能像她一样克服紧张，从而自在地面对台下的听众。

她的回答却出乎我的意料："我到现在还是会很紧张啊！"

"你怎么可能会紧张？"我惊讶地问。

"当然会啊！我也是人嘛，怎么可能不紧张！"她莞尔一笑。

我很困惑，演讲这么多年，看过这么多大场面，照理应该可以很从容自在啊！

"你应该是觉得如果我会紧张，怎么有办法应付这么多演讲吧？"她看穿了我的疑惑，笑着说：

"紧张是很正常的反应啊，面对未知与挑战，本来就会紧张。只是，对于这个紧张，我们是不是能做点什么去与它相处?

"如果这个紧张已经让你感到恐惧，那么，或许可以听听看恐惧传递出了哪些声音，说不定对你会有很大的帮助哦！"

哇！原来连身经百战的老师也会紧张，而且她也认为紧张是再正常不过的事情。这时，我的心里突然冒出一个声音："原来紧张是正常的！而且就算感到紧张，也不代表我只能坐以待毙！"

以往对于让我感到紧张的事情，我总是用拖延或逃避的方式处理，但是那些无法逃避的事情，我越不去面对和准备，几经拖延后都会换来更糟糕的结果。

与其淹没在紧张里，不如尽力去准备、正面迎击。

那一刻，我的心灵像是挣脱了桎梏，呼吸到充满能量的新鲜空气。

于是我下定决心：未来两年，除非时间不允许，否则只要跟心理相关的演讲邀约，一概不能拒绝——不熟的主题就用功把它弄熟，原本就拿手的主题更要好好把握。

就这样，在接下来的两年内，我不知不觉累积了近百场演讲，对象有家长、学生、老师、亲子、新移居者、老年人……而且其中不乏合作后又再度来信邀约的学校与机构。除此之外，我也慢慢探索出自己演讲的风格与步调，尽管还是会紧张，但不至于影响工作表现。

面对困境，试着去因应与解决，会比逃避来得更实际。

当然，逃避并非只有坏处，我并不否定逃避的正面意义，因为那可以让压力得到暂时的疏解。负向的感受本来就会令人感到不舒服，所以有时面对巨大的压力，短暂的逃避可以让身、心得到适时的舒缓，重新拥有解决困境的能量。

从这个方向来看，逃避有时的确具有正向的效果。

但面对生活中许多不会自行消失的压力事件，一味地逃避绝对不是根本的解决之道，有时候还可能因为一直逃避而错失了解决问题的时机，让事情变得更严重，结果当然只会让自己感受到更大的压力。

重新认识不为我们所爱的情绪

情绪觉察 14

1. 逃避当然有好处，它可以让我们暂时放松，重新累积面对恐惧或困境的能量。但一味地逃避，问题不会消失，还可能因此变得更严重。

2. 面对总是让我们感到紧张或害怕的情境，试着觉察：总是让自己在相似情境中感受到这些情绪的原因是什么？这些情绪想要告诉我们什么？

3. 与其淹没在恐惧或焦虑里，不如尽力去准备，鼓起勇气正面迎击。

揭开控制的手法

恐惧是生物的本能，也经常与各种需求有关。如果无法认识自己的恐惧，就可能因为恐惧而做出非理性行为。

知名摇滚天团"X-JAPAN"主唱 TOSHI（本名出山利三，Toshimitsu Deyama）在自传里揭露自己曾长时间遭受"Home of Heart"①控制的血泪历程。

很难想象，这位世界级的天团主唱，在每一场演唱会结束后不是享受热烈的掌声与欢呼，而是急着冲回"Home of Heart"的办公室跪着忏悔、被殴打，并把所有收入拱手缴出。

TOSHI 历经母亲、兄长与好友的背叛，在脆弱时遇见他的妻子（也是该集团的成员之一），受伤的他就像抓住了一根浮木，对她说的话深信不疑，也期待从中得到救赎。

殊不知，原本在亲密关系中经历的伤害与恐惧，将他推向了另一段可怕的关系中。

---

① "Home of Heart"，由 MASAYA 为首脑的组织。他们以各种方式对成员进行洗脑，透过威胁、恐吓、诈骗等方式控制成员，获得许多不法钱财，对许多成员的身心造成难以复原的伤害。

诈骗——恐惧的操弄

我相信，拥有和 TOSHI 相似遭遇的人一定不少。

如果认为恐惧顶多只会影响个人的心情，让我们不敢去做某些事情，那就太小看恐惧的力量了。当恐惧潜入人际互动里，很可能会成为一种充满破坏力，同时侵蚀对方与自我价值的毒药。

在人类历史上，大概从很早之前就开始有打着宗教或心灵教师的名号，四处敛财骗色的神棍。不同的只是随着时代演变，他们使用的工具不同，手法也更复杂罢了。

很多人看到社会新闻中又有人被诈骗时，都会在电视机前摇头叹气："唉，这些人真是傻子，竟然这么好骗？换成是我，绝对不可能上当。""会被骗的人，一定都没念过书，不然就是贪心。只有那种人才会上钩。"

不过，事实证明，很多受骗者的学历、经历显赫，而且不一定都很贪婪。即便是平时对于诈骗人士保有戒心的人，还是有可能陷入诈骗集团精心设置的陷阱中。

如果以诈骗为生的人，利用的不单单是人们的无知或贪婪，那其中的关键到底是什么？

我的发现是，想要操控一个人，最有效的方式就是让他感到恐惧。

为什么人在恐惧当下，特别容易受他人操控呢?

当一个人在面临极度恐惧的瞬间，生物本能会使他的肢体与认知冻结，头脑失去判断的能力。所以，当我们听到电话那头传来亲人正遭受绑架、有性命危险，或自己几十年的积蓄可能毁于一旦的消息时，突如其来的惊吓会让我们像草原上的动物一般，在面临被猎食的恐惧时，全身肌肉僵直、接着倒下，呈现一种伪死的状态，以此骗过那些只吃活体的猎食者。但不幸的是，在这冻结的瞬间，认知也失去了判断能力，为了求生存，我们可能会轻易接受对方开出的任何条件。

这种诈骗行为还仅是利用了恐惧对于人类影响的一小部分而已，有更多的有心人士会利用人类的恐惧来达到另一种目的——控制。

控制——全知全能的假象

控制与诈骗之间没有绝对清楚的界限。虽然两者都是利用某种手法来达到特定目的，但被诈骗者一旦发现不对劲就会尽量避免再次陷入相同的状况中；而大部分遭受控制的人，即便旁人极力点出矛盾或假象，仍旧死心塌地地相信着那场骗局。

事实上，有很多号称大师或心灵导师等"有心人士"，经常会利用人性的脆弱，努力说服人们相信自己是没有能力解决问题，没有价值且孤单的，使这个人最后也以负向与无能的观点来看待自己。

一个人在孤立无助之际，便会希望能抓住浮木，找到一个依归，于是开始信服眼前这个看似全知全能的人——我们姑且称这个人为"大师"。

大师通常会先告诉你，最近将会遇到大灾难，或者点出你的生命陷入了某种困境，如果没有人能够给你指示，那你就可能身陷麻烦之中，或者无法找到自己真正的天命。除非一开始就拒绝这套话术，否则你的恐惧可能从这时就开始被引发。

"唉，你其实很有天分，可惜没遇到贵人，否则你的成就不应该只有这样……"大师说。

听到这句话，就会有人开始担心自己是否真的如对方所说，虽有天分却未被开发，内心不免开始焦虑："万一我一直遇不到伯乐，会不会被埋没在这广大的世界里，一辈子无所成就？"

"那怎么办？有什么解救的方法吗？"你焦急地抓着大师问。

这一问，正中大师下怀。

"你可以问某某，他成长之路相当坎坷、也曾经想要自杀，幸好遇见了我，帮他找到最真实的天命……"

大师转头看了你身边那个不知什么时候突然冒出来的人。是的，他正好就是大师口中那位找到天命的某某。

"我真的很感谢大师愿意点出我的盲点、指出一条光明路……"某某眼眶泛泪、真诚地说着。

这下子说服力可就不容小觑了，因为奇迹不是由大师自己说出，而是另有他人的见证。

"真的吗？那我究竟该怎么做呢？"看到眼前就有人因为信大师而得救，你更急着想知道方法。

既然是你"主动"开口求救，他们当然也就不用客气了。许多"处方"纷纷出笼，举凡各种套装课程、稀奇古怪的商品都还只是小事，更可怕的可能还包括怂恿你窃取财物、与亲人断绝关系、做出失态的行为，乃至于伤害自己或他人。

"我已经给出最真挚的爱与建议，如果你不听，我也很难帮你……"一旦你表现出犹豫的样子，他们就会立刻推你一把，让你不得不意识到自己的处境有多么岌岌可危，甚至为自己的犹豫不决感到羞愧自责。

此时，你的焦虑指数会急剧攀升，因为眼前就有能够帮你化险为夷的机会，至于要不要"得救"，选择权就在你手中。于是，你开始投入时间、金钱和生命，将自己一步一步推入可怕的陷阱……

脱离充满伤害的关系

生活当中有许多"如果你听话，我就爱你"的关系模式。举凡"如果你推广我的理念，我就让你留在我身边""如果你只做我允许的工作，我就会认同你""如果你不顺从我，你就无法成为我们的朋友"，很可能会用各种隐微的方式来恐吓你：放弃你的某些想法与价值、交换条件，就能免于恐惧，才能够得到爱。

TOSHI 后来是如何脱离"Home of Heart"的控制呢？

在长达十二年的岁月里，他受尽了凌虐、散尽了钱财，终于看清楚自己所经历的苦难不是爱，而是伤害。他看懂了"Home of Heart"实际上充满着控制、威胁与恐吓（要是不听我们的话，我们也帮不了你，要将你排拒在外让你自生自灭），而这对于他原本在人际关系当中所遭遇的伤痛不但没有任何帮助，反而带来了更多的伤害。

更重要的是，TOSHI 有勇气正视并接纳"是我所选择的关系在迫害着自己"的事实，并认为有责任做些什么来逃离这个囚困自己多年的地狱。

当他觉察到自己身处险境时，他幸运地遇到了善良的三上先生与另一位充满智慧的长者；他们关心他，鼓励他勇敢地脱离现状，去完成自己的梦想，做自己认为对的事情。接着，TOSHI 也勇敢地重新思考早年在亲密关系当中所受到的伤害，明白必须使用更健康的方式来为自己疗伤。最后，他才决定召开记者会公布这十二年来的可怕生活，也意外地鼓励了更多受害者将真相公诸于世。

恐惧，其实反映出我们内心最在意、最重视的部分；恐惧，也可能被我们的某些需求所牵系着。若没有好好地去检视究竟是什么引发了我们的恐惧，而只是急于脱离让我们不舒服的感受，就很可能会在模糊的状态下跳进另一段被伤害的关系、充满危险的陷阱。

无论如何，请记得：真正的爱无须理由，也不需要交换条件，更不应该剥夺一个人的主体性。

下次当你发现自己在关系中出现类似的情况时，不如放慢脚步谨慎地思考，或许这会让你更清楚这种关系背后的目的，也避免让自己因为恐惧而在关系中受到更多的伤害。

情绪觉察 15

1. 当一个人面临极度恐惧的瞬间，生物的本能会使他的肢体与认知冻结，脑袋失去判断的能力。由于认知失去了判断的能力，为求生存，他就可能会轻易地接受对方所开出来的各种条件。

2. 想要脱离充满伤害的关系，必须要有勇气正视并接纳"是自己所选择的关系在迫害着我"的事实，承认自己有责任做些什么来远离这段关系。

3. 爱无须理由，也不需要交换条件，更不应该剥夺一个人做选择、感受真实情绪的权利。

你，害怕拒绝别人吗？

我们被爱，是因为我们本身就值得，而不是因为我们付出了多少劳力，或者如何委屈、牺牲自己。

多年前，有一部喜剧片《没问题先生》（*Yes Man*）。在剧中，由金·凯瑞（Jim Carrey）饰演的主角艾伦在一个神奇的机缘下个性发生了极大的转变——不管别人提出什么请求他都无条件答应（say yes）。这项改变立刻为他的生活带来许多美好的回应，因为有求必应，所以大家都喜欢与他相处。

但是，这种生活模式也随即为他带来许多困扰。越来越多的人将那些讨人厌的事情交付给艾伦，请求他的帮忙，而他虽然内心不愿意，却无法开口拒绝。随着充满趣味又荒唐的剧情发展，他开始遇到许多冲突与矛盾，对自己与生命有了更多的理解，终于找到适合自己且在工作与人际间达成平衡的生活方式。

电影呈现的方式固然令人捧腹大笑，然而在现实生活中，确实有很多人过着类似这种"无法不答应别人、不敢拒绝别人"的生活。帮助别人当然是好事，但是他们的生活一点都不有趣，而且还可能相当痛苦。

曾经有位研究生前来寻求咨询，他的诉求是要讨论时间管理的问题，他觉得自己经常因为时间分配不当、无法完成别人交代的工作而惹怒他人。我问他能否举例说明。他说，他所属的研究室团队强调家庭的精神，指导教授像是父亲，希望所有研究生像手足般彼此经常互相关心、互相帮忙。他也很喜欢这样的氛围，觉得很温暖、很有归属感……

说到这里，他却突然皱起眉头。

他说，时间久了，他开始遇到很多难以处理的情境，像是决定要帮女友庆祝生日的当晚，教授要他去实验室帮忙改作业；正在赶自己的论文进度时，教授要他去帮实验室团队买晚餐；节日想要回家陪陪父母亲，教授却召集大家一起到他家大扫除、围炉，给予彼此关心、塑造团队凝聚力……家人、女友、朋友虽然也有不开心的时候，但还算能体谅，可是这样的生活让他越来越不舒服，却又说不出个所以然。

"在这过程中，对你而言最困难的是什么？"我问。

"我不知道实验室的其他人是怎么办到的，他们好像总是能把时间安排好，做好教授指派的工作。"

"嗯，我觉得——"我才正要回应，他就打断了我。

"老师，其实我之前已经寻求过咨询了，"他继续说，"我知道每个人一天都只有二十四小时可用；如果要善用时间，就必须依据事情的重要性来排出处理的重要顺序。"

"很好啊，你很清楚这一点。如果真的要排出重要性，你会怎么排序呢？"我问。

"嗯，家人、女友、实验室、朋友。"他说得很流畅，看起来早已思考过这问题。

"你都知道重要性，却无法依此顺序处理事情。"我看着他。

"我觉得对家人或女友很过意不去，如果时间可以更多一点，我应该就可以满足大家……"他的语气充满了自责，似乎又陷入了无望的情绪当中。

就像这样，没问题先生／女士总是不敢拒绝他人的要求，觉得自己有责任满足他人的需求，把别人的需求看得比自己还要重要，好像无法满足别人的要求，自己就是一个自私的人。

为什么不敢拒绝？

亲爱的读者，你是否已经想到更好的方法来帮助这个认真、努力，却总是觉得自己做得不好的大男生？

教他平均分配时间给双方？两边都拒绝、把时间留给自己？还是……用特异功能预支未来的时间？

我认为，真正的议题不在于时间管理，他的困难其实反映出"恐惧"背后的两大内在议题：

第一，人类对于"权威"的敬畏。所谓的权威，在广义上包括了资源、力量、年纪、体形、能力等比自己更有优势的对象，但在生活中，权威尤指比自己地位、权力位阶更高的人，例如老师、主管、父母亲。

何以权威总是令我们感到恐惧? 因为权威经常拥有某些控制或抉择的权力,左右我们是不是能安稳地生活,所以我们对于权威总是感到戒慎恐惧。

对权威的恐惧,直接牵动着我们内在关于"生存"的需求。在原始生活里,幼小的动物透过父母亲的喂食得以存活,弱小的动物则必须谨慎保护自己,以免被体形或力气比自己大的动物掠食。人类社会也不例外。我们透过服从(乖乖听话),期待得到更多的照顾;也透过服从,避免丢掉赖以生活的饭碗。

第二,希望能被他人接纳。 人类无法脱离团体独自生活,因此人际关系的经营,就成了生命历程中相当重要的课题之一。

人在生理与安全的需求被满足之后,会进一步希望能发展出归属感,期待自己被他人所接受。而在人际互动当中,拒绝帮助他人或在他人有需求时不伸出援手,经常会被看成是不友善且自私的举动。所以,为了不被他人厌恶而遭到排挤,即使我们缺乏意愿,或真的另有重要的事情要做,还是会选择委屈自己去帮助他人。

为什么"被接纳"对我们这么重要? 因为我们经由被接纳获得归属,来满足内在那一份期待被爱的需求。

从小,为了得到关爱,我们努力完成父母交办的家事、老师指派的作业、同学委托的协助,乃至于成年以后,已经习惯透过付出劳力来获得关爱的我们,仍持续透过满足他人的需求来交换被爱的感觉。于是,我们在脑袋里建立了"要得到别人的爱→不得拒绝别人→宁可牺牲自己、满足别人"的联结。

对这位研究生而言，虽然表面上看起来他是苦于无法同时满足实验室与亲友两边的期待，但其实最令他痛苦的，是自己内心害怕被教授批判、被踢出实验室，也担心拒绝了某一方，就会被排挤、不被喜爱的恐惧。

拒绝的勇气

对于权威的恐惧，我们并不是要全面消除（这困难度很高），而是要学习觉察这份恐惧如何影响自己，以及如何与权威对话。

对一个已经上大学或进入职场的成年人而言，不仅是法律在这方面赋予了更多的自由与权利，自己也可以透过成熟的思考与判断，用适当的方式与父母亲、主管沟通彼此的想法，而不是放任自己非理性地想象这些代表权威的人会对自己做出攻击或伤害的举动。

至于"一定要帮助他人才能得到的爱"，其实是充满条件交换与勒索的爱。一个成熟而稳定的人，不仅能从内在培养爱自己的能力，还可以在生活中建立起健康的关系，而非充满勒索与被勒索的亲情、爱情与友谊。

请记得，我们被爱，是因为我们本身就值得，而不是因为我们付出了多少劳力，或如何委屈自己。

实验室团队的要求合不合理我不便评论，或许他拒绝了教授也可能真的会被踢出实验室团队，因而影响了论文进度。但是，人在成长的过程中本来就该学习如何觉察自己的需求，学习如何拒绝，学习如何为自己做决定，并且勇敢地为这些决定负起责任。

人不可能每一件事情都面面俱到，重点是，要能够探索、发现自己真正重视的价值，并且敢于为了捍卫这些价值而付出某些牺牲，学习找到更适当的拒绝别人的方式。

如果你已经厌倦了收集"好人卡"，你不想总是牺牲自己来成全别人，却又苦于不敢或不知道如何拒绝别人的请求或侵犯，可以参考本书的练习7，学习在必要的时刻保护自己，生出拒绝他人的勇气。

情绪觉察 16

1. 权威经常拥有某些控制或抉择的权力，左右我们是不是能安稳地生活，所以我们对于权威总是感到戒慎恐惧。

2. 已经习惯透过付出劳力来获得关爱的我们，在脑袋里建立了"要得到别人的爱→不得拒绝别人→宁可牺牲自己"这种"交换利益来获取关爱"的联结，以至于我们因为害怕无法得到他人的爱，而不敢拒绝别人。

3. 要脱离这种交换式的关系，必须练习探索、发现自己真正重视的价值，并且敢于为了捍卫这些价值而付出某些牺牲，学习找到更适当的拒绝别人的方式。

觉察忌妒背后的力量

若缺乏觉察，忌妒的火种一旦被点燃，火势可能以失控的姿态蔓延，因而令人做出攻击自己或他人的行为。

我的高中生活过得非常痛苦，表面上是因为升学压力，说穿了，是因为自己对分数极度钻牛角尖，经常为了考卷上几分的差距，不惜跟老师、同学争得头破血流。

高二时，班上转来一位新同学，教地理的老师在介绍他的时候特别提到他的地理成绩很优异，要我们向他看齐。这让坐在台下的我很不是滋味，心里愤愤不平："凭什么你才刚来就被老师肯定？"莫名升起的焦虑带来的不舒服，却又不知该如何抒发，我竟开始造谣，逢人就说他的坏话。

直到某天，有个同学听到我又在背后中伤转学生，相当不以为然地对我呛声："够了吧？人家新来的成绩好到底哪里惹到你？干吗一直找人家麻烦？"当头棒喝般，我这才惊觉自己正在做一件连自己都很讨厌的事。

震惊之余，我也陷入了困惑："我怎么会变成这样？我是怎么了？"

忌妒——隐晦难辨的情绪

情绪是有层次的，有些情绪显而易见，有些情绪隐晦难辨；有些情绪能够直接表达出我们的内在状态，有些则隐藏了更多其他的信息。

想象有一条道路可以通往内在的情绪，在这条道路两旁，最先迎面而来且曝光度最高的广告牌，一定少不了快乐、生气、难过。这些是人们最容易感受到的情绪。

继续往下走，原本广阔平整的道路越来越狭窄，这时路边已见不到偌大的广告牌，取而代之的是不起眼的小标识，上面可能写着失落、孤独、悲伤、挫折、后悔等，这类在生活中不易被辨识出来，却经常令我们感到难受的情绪体验。

随着情绪辨识的难度提升，眼前的道路也越来越崎岖且布满石块与荆棘。终于，周围渐渐暗了下来，你走进了没有亮光的荒地。这里人烟稀少、杂草丛生，除了黑暗，你不太确定在这里还能看到什么。

无意间，你仿佛踢到了地上某个坚硬的东西。你蹲下身子，搬开石头，定睛一看，是个小小的箱子。

你遍寻不着箱子的开关，却又好奇里头究竟是什么，于是你用各种方式，费尽力气想打开它，却都失败了。你只好放弃，掉头走回原本宽阔明亮的地方。

就在你转身离开后，背后那只放置在黑暗中的宝盒的上盖，却不知何时悄悄地掀开了，在黑暗中露出一双诡异的眼睛，窃窃地笑着……

这就是人们内在最隐晦、最难以辨识，但威力最不容小觑的情绪之一——"忌妒"（jealousy）。

是羡慕，还是忌妒?

举凡古老的童话故事、乡野传说，或者历史事件，都不难见到忌妒的身影：《白雪公主》与《灰姑娘》里城府极深的继母、《三国演义》里的周瑜之于孔明、偶像剧里的大反派……在现实世界里，忌妒并不是坏人的象征，一个人未必会因为忌妒就去伤害别人。但若我们无法觉察自己的忌妒，或总是透过否认的方式来面对，就难免受到伴随着忌妒而来的不舒服影响。

忌妒的发生，经常是透过跟他人比较而来。

跟谁比?

通常是跟自己"主观"认为的、想象中的，比自己优秀、有能力、有资源或权力的人比。

比较，是一种很主观的行为，被你拿来做比较的对象，不见得别人也会这么做；别人用来比较的对象，或许你根本没有兴趣。甚或，今天你拿某个人来比较，过了几年，可能连你自己都一头雾水，不懂当时为什么会如此在意这个人，这么喜欢拿他来跟自己比较。

在谈忌妒之前，我们有必要先简单谈谈一个容易与忌妒混为一谈的情绪——羡慕（envy）。与忌妒相似的是，羡慕同样是透过与他人比较而来，然而，羡慕的情绪不会伴随着攻击与批评，而是用欣赏与赞赏的态度来看待对方身上的优点或资源。虽然同样是从比较的观点来凸显双方的差异，有时也可能会有竞争的味道，但那却不是瑜亮情结，而是英雄惜英雄的气概。

忌妒本身是一种情绪，也是一种内在动力。其与羡慕之间最大的差异在于，当你感受到内在的情绪时，选择用怎样的观点去看待，及用什么方式去应对。

举个例子，我有几位同为心理咨询师的工作伙伴兼好友，彼此在专业上有着不同的专长，有的擅长家族治疗，有的专精伴侣咨询，有的则是常年专研于艺术治疗。每次聚在一起讨论案例时，他们总是能透过自身的专长帮助我看到我在专业工作上的盲点。

我很敬佩，也很羡慕他们能在各自的领域如此卓越，但不会因此贬低自己、攻击对方。相反地，因为想要向他们看齐，所以这份羡慕也会转化成督促自己持续精进的动力。

相较于羡慕，忌妒是一种恶性的比较。我们心里虽然想象着"如果可以是我，那该有多好？"但是，我们未必是想透过努力来获得或成长，只是纯粹觉得不平、不服气："凭什么是你，而不是我？"

这世界上人类的数量何其多，每个人都有不同的条件、特色、专长，出身背景也可能天差地远。如果每件事情都要比较，不仅比不完，还会让自己相当受挫（正所谓人比人，气死人）。

然而，大部分的人都不会觉察到自己是在忌妒。我们宁可选择认为别人分享的成就是种不折不扣的炫耀，别人的成功总是胜之不武，全世界的富人都是"靠爸一族"或者手段卑鄙……总之，别人的好都不是真正的好，"换作是我，如果能有同样的背景，肯定也是成就非凡。"

如果缺乏觉察，忌妒的火种一旦被点燃，就可能会像干燥的草原被放了一把火，火势将会失控蔓延，许多破坏性的思考或行为也可能随之而来："啧，赚这么多钱，是要拿去看医生吗？""我就要故意说你坏话，看你的人缘还能好多久！""我得不到的幸福，别人也休想拥有！"仿佛只要诅咒了对方，消灭了对方，就不再有"不公平"的信号，心里也能舒坦许多。

实情是，世界上根本没有所谓"真正的公平"，你认为的公平，对某些人而言可能是一种迫害；你认为的迫害，却能为某些人带来利益……既然如此，我们到底该如何与忌妒相处？如何避免忌妒的力量驱使我们做出破坏性的行为呢？在下一篇文章里，或许我们能找到面对的方法。

情绪觉察 17

1. 忌妒本身只是一种情绪，一种内在的动力，所以没有好坏与对错。但若我们无法觉察自己的忌妒，或者总是透过否认的方式来面对，就难免会受到伴随着忌妒而来的不舒服影响。

2. 如果缺乏觉察，忌妒的火种一旦被点燃了，就可能像干燥的草原被放了一把火，火势将会失控蔓延，许多破坏性的思考或行为也可能随之而来。

重新认识不为我们所爱的情绪

相较于羡慕，忌妒是一种恶性的比较。

我们心里虽然想象着「如果可以是我，那该有多好？」

但是，我们未必是想透过努力来获得或成长，

只是纯粹觉得不平、不服气：「凭什么是你，而不是我？」

自卑，让人丧失欣赏的能力

人们面对比较时，心里所想的从来都不是"客观"觉得自己不错，而是"主观"认为自己总是不够好。

为了讨论如何避免自己莫名受到忌妒的影响，我们来聊聊电影《三傻大闹宝莱坞》（*3 Idiots*）里的主角和反派。

这部电影的背景发生在印度皇家理工学院。能进到这所学校的，基本上都是资赋优异的学生。主角兰彻拥有天才般的资质，他喜欢打破传统规则，创造有趣而贴近生活的方式来灵活学习。虽然在教授眼中，他是个不折不扣的讨厌鬼，但是每次考试他总是名列前茅。至于反派角色查托，从小就擅长用死记硬背的方式把所有内容一字不漏、照本宣科地背下来，为了确保自己能在考试中击败其他对手，还会花费许多力气去做干扰其他同学念书的行为（例如在大考前，往每一道房门里塞进色情杂志，扰乱同学们的注意力）。但不管怎样，他的成绩总是排名全校第二——是的，屈居于兰彻之后。

习惯竞争、重视排名的查托很讨厌不守规则、看起来不务正业，却总是排名全校第一的兰彻。从求学到工作的历程中，他不断将兰彻当作想象中一定要打败的目标。毕业多年后，事业有成的查托因为得到一笔大订单，想向兰彻炫耀。几经波折找到兰彻后才发现，这笔订单的老板竟然就是兰彻本人。当下他头晕目眩、手忙脚乱，仿佛完全失去了方寸。

让我们在这里停下来思考一下。

毋庸置疑，能进到这所学校的学生都是来自印度甚至各国最顶尖的人才，兰彻是，另外两位主角是，查托当然也是。他们各有各的专长与优异天赋，在比较时难免会有胜负之分。但是客观来看，毕业后他们在各自领域里应该都能有很好的发展，既然如此，查托为何需要为了排名如此处心积虑？

答案是，因为他忌妒兰彻的天分。

忌妒，来自脆弱的自信心

"忌妒"是由各种情绪组合而成的复杂内在动力，在它底下的情绪，可能包含生气、害怕与质疑。

为什么会是这些情绪？还记得上一篇文章所讲的，忌妒之所以会产生，经常是因为我们自己与别人做比较——比外表、比能力、比考试分数、比身家背景……任何你所想得到的，都会有人拿来做比较。

比输了，你憎恨对方、责怪自己；比赢了，你得到短暂的成就与喜悦，但过不了多久，这份喜悦就如昙花一现般消失殆尽，接着你又开始担心下一次的结果是否也能称心如意，并且对这一切感到怀疑。然后，再次陷入与他人比较的无止境的旋涡里……

别怀疑，无论比较的结果如何，那都只是一种假象。因为真正的你早就已经输了，输在你一次又一次将自己推入痛苦的深渊里。

困住你的，从来都不是别人，而是你自己。

我们花了很多的力气责备自己、攻击别人，怀疑眼前的所见所闻，最终目的，其实只是为了安抚自己那微小而脆弱的自信心。因此，忌妒最令人感到不舒服的部分，就是要去面对"自己的内在其实很自卑也很匮乏"的事实。

在自卑里茁壮

人们面对比较时，心里想的从来就不是"客观"觉得自己不错，而是"主观"认为自己总是不够好。

而这个总是认定自己不够好的倾向，就来自于"自卑"（inferiority）。

阿尔弗雷德·阿德勒（Alfred Adler, 1870—1937）认为，自卑是人类普遍的内在状态。人们在襁褓时期几乎没有照顾与保护自己的能力，只能等待大人来喂养，然后看着他们离开——即使尚未得到满足也无力阻止。于是，我们从这一刻就开始感受到最初始的自卑。

接着，在成长的过程中，我们面临更多的竞争与挑战，在失败中感受到自己的力有未逮，感知到不是每一个梦想最终都能实现。于是，我们开始遇见自己的限制，发现自己不管怎么用力，都会有人跑在前方，而我们也未必都能如愿到达目的地。

我们有缺陷，在某些方面能力不足，于是我们持续感到自卑。

然而，阿德勒不是要强调自卑一定会让人陷入无止境的痛苦深渊；相反地，他认为自卑是让人能够继续努力的动力。人们因为不满于自卑的状态而努力克服自卑，让自己超越自己，成为自己更喜欢的样子。

所以，重点在于如何超越自我，而不是跟别人比较。

可惜我们已经习惯了生活当中不胜枚举的比较：小时候比考试成绩、比身高、比才艺、比家庭经济能力；长大以后比车子、房子、薪资；老了比退休金、比孩子的成就、比安度晚年的方式……尤有甚之，连棺材都要比材质与设计感（只是，烧成灰烬以后还有谁能辨识得出来？）。

别人拿我们做比较，我们也拿自己跟别人比较。我们一辈子都在比，因着自卑而不断地与外在比较。然而，"基金投资有赚有赔"，"比较"也是如此。

只要有比较就会有胜负与得失，因此，你不但无法在比较中真正克服内在的自卑，还可能因为比较而让自己更加地自卑，进而感到内在的空虚与匮乏。

很多人随着年纪增长，越来越喜欢拿自己的成就来歌功颂德，他们不只期待他人的热烈掌声，也忌讳那些开始崭露头角的晚辈，甚至大肆挞伐与他们在同领域有所贡献的人。这样的人当然容易惹人讨厌，因为大家会觉得他们太过自大。但是请记得，在那膨胀的自我背后，其实是比谁都畏缩的自卑在作祟。

一个能正视并接纳自己内在的自卑，懂得与自卑相处，知道如何克服自卑的人，根本不需要透过与他人的比较来彰显自己的价值，也不用借由忌妒他人来平衡自己内在的不舒服。

因为他了解自己的自卑，所以懂得看见自己的价值；也因为他懂得欣赏自己、肯定自己，所以看待他人的眼光也总是能够带着欣赏与鼓励。

这样的人因为总是以欣赏的眼光看自己与他人，内心是丰富而踏实的。他不但能欣赏自己的限制与独特，也能为这个世界注入美好的能量。

情绪觉察 18

1. 只要有比较就会有胜负与得失，因此，你不但无法在比较中真正克服内在的自卑，还可能因为比较而让自己更加地自卑。

2. 自卑固然令人难受，但这份难受同时也是推动人们努力前进、克服困难、超越自我的动力。

3. 一个能接纳自己内在的自卑，与自卑相处，知道如何克服自卑的人，不需要透过与他人比较才能彰显自己的价值，也不用借由忌妒他人来平衡自己内在的不舒服。

一触即破的泡泡

当现实与理想有所差距时，失落就会油然而生。正视并接纳这种差距的存在，就能减少失落带来的难受。

我有位结识多年的好友，他是一个幽默风趣、温柔体贴，且相当聪明的男性，不仅交游广阔，也很懂得享受生活。让大家不解的是，年过四十的他身边却总是少一个伴。

某次和他泡茶聊天时提到这件事，他自己也很困惑，每次刚认识一个女生时他都觉得对方很好，也期待关系能有机会进一步升华。但只要认识了一段时间，他就会开始觉得对方的缺点越来越多，彼此的行为模式差异渐渐扩大，价值观也像是两条碰不着边的平行线。接着，就不由自主地想跟对方保持距离。

"我也不是故意的，但常常认识一段时间后，我就会莫名其妙地一直注意对方的缺点，然后就不想继续跟她有接触。

"不过，我觉得自己应该有挺大的问题，这样下去真的不知道该怎么办才好。"他深深叹了一口气。

现实与理想的落差

个人中心学派的创始者罗杰斯（Carl Rogers, 1902—1987）认为，当一个人的"现实我"与"理想我"出现落差时，内在就会因为失衡而感到不舒服。

这种不舒服的感觉，其实就是"失落"。简单而言，失落的产生是因为事实不如自己的想象，或者不及自己的期待而感到难受。

所谓"现实我"，是指一个人当下最真实的样貌，包括与生俱来的各种特质、能力、限制与喜好等。

"理想我"则是个人期待自己能够成为的样子，这个期待可能出于个人的渴望，也可能来自周遭环境、家庭教育、文化氛围所认同的主流价值，例如男生要读理工系，女生适合当护士或幼教老师，长子必须勇敢而坚强，长女要扮演类似母亲照顾家庭的角色，月薪五万元①以上才是有价值的工作，对父母的所有要求与安排绝对服从才是孝顺等。"理想我"与一个人与生俱来的样子无关，它重视的是被主流社会所认可的价值。

你是否活在他人的期待中？

你若活在"唯有达到某些标准才叫有价值"的世界里，那你会过得相当辛苦。即使现在侥幸通过了某个标准，生活中也还有千千万万

①此处为新台币。——编者注

种标准等着你去跨越；若哪天无法通过标准，你就可能掉入痛苦的泥淖里。

人往往因为"现实我"不及"理想我"而感到无力，觉得愧对他人，最后认为自己是没有价值的人。

考生因为成绩不如预期而受挫、病人因为身体状况不如自己所预期而无力、婚姻不若想象中的美好、收入无法令自己满意、工作多年却未能如期待地得到升迁……这些因为无法达到某种标准而发生于个人内在的失落，在每年的农历新年、家族团圆前后往往会到达最高峰。

对许多家族而言，过年就是各种比较的残酷舞台，每被"关心"一次学历、收入、婚姻、房子、车子，都是一种失落被放大强调的难堪。很多人想到接连几天都要面对这种残酷的对待，甚至会出现失眠、缺乏食欲、紧张焦虑、情绪低落等症状（我将这样的现象称为"春节返乡恐惧症"）。

其实，当想象与现实有所落差时，失落的产生本来就是正常的现象。重点是，我们如何与这种失落相处，才不会因为失落而这么不舒服？或者，如何减少失落的频率与强度？

对多数人而言，设定目标后努力达成似乎是件很理所当然的事情，仿佛设定越多目标，代表自己越积极；达成的目标越多，意味着自己越有成就。但你是否思考过，这些自己努力去达成的目标，是自己想要的，还是父母、伴侣想要的？是社会的期待，还是谁的期待？

如果你的付出无法满足自己的需求，那牺牲宝贵的时间、拼了命地去追寻，究竟是为了什么？如果无法觉察"现实我"的样貌，不清楚"理想我"究竟从何建构而来，那么在这些财富与成就的背后，就有可能暗藏着许多空虚，也有可能在生命中经常因缺乏意义感而感到失落。

活在这世界上，必然得与这世界的游戏规则有所妥协。在社会主流价值与期待之下符合某些标准，的确可以拥有更多生存的资源和更好的生活质量，或者能得到更多的价值感与成就感。

但在这套规则之外，你是否也能辨识自己的本质是什么？

不管我们现在过的生活、做的工作是不是自己喜欢的，若能了解自己的能力与特质，建立起自己的兴趣，并渐渐了解自己生命的意义，就不会这么容易被他人的期待和比较影响，因为我们已清楚知道自己要的是什么，以及明白了什么才是真正重要的。

为什么他／她跟我想的不一样？

失落不只是发生在个人的内在世界，它也经常在交往关系中对彼此互动造成莫大的影响。

有句高居恋人分手三大原因之榜、历久弥新的名言："因为相爱在一起，因为了解而分开。"很多人深信，关系之所以会变质，是因为彼此的态度或价值观的不同、生活方式的迥异。这些差异会带来许多摩擦与冲突，每天互看对方不顺眼，到最后当然会分手——听起来好像很有道理，但我认为这样的说法还不够细致。

差异的确会造成彼此的冲突，但是真正让关系开始变化的症结点，其实还是失落的感受。

关系中的失落，经常是因为认知到"彼此之间有所差异"，知道对方真正的样貌并非全然如我们一开始的想象（原来对方也有自私的一面，有害怕的东西，会贪小便宜或无缘无故生气等），这些发现都会让我们感觉对方不如我们原先所期待的模样。

有位艺人在电视节目中分享自己的婚姻生活时，打趣地形容关系的演变是"远看像朵花，近看我的妈"。意思是起初的陌生让人产生了许多美好的遐想，拉近距离后，却逐渐发现这个美好只不过是一幅虚幻的假象。

在关系的初期，我们经常会把自己的想象套用在对方身上，将对方理想化，认为对方就是我们心中所期待的那般充满优点、完美无瑕的人。而这种犹如柔焦唯美的样貌，当然是我们根据自己的想象所编织出来的，而且可能相当主观且偏离现实。

文章开头我那位好友的叹气，叹的不仅是自己不若自我的期待，也叹对方不如自己所想。之所以有这股失落，正是因为我们经常活在想象的世界中，而不是现实的当下。想象的世界就像泡泡一样，虽然梦幻但也极端脆弱，一旦破裂了，我们就会从幻想中重重摔落。

容许异己，接纳差异

很少有人声称自己完全了解生命的意义，因为那是一件极其困难的任务。但是，只要能理解每个人都是特别的个体，都有属于自己的个别性，就能减少在关系中把自己的想象套在对方身上，用自己的生活方式来规范对方，或要求对方满足我们的期待与需求。

我们与他人交朋友或谈恋爱，真正相处的对象是对方这个独一无二的个体，而不是自己的幻想。如果在你眼中，与你不同的都是差异，那么在他人眼中，你也只是其中一个差异。

人们对于差异总是先感到害怕，且为了保护自己，可能透过攻击、消灭或逃离差异来让自己感到安全。然而，世界上的每个人都不同，所以差异的存在也是必然的。人们会因为不同的特质而激荡出不同的火花：会找到与自己契合的人，也会有看不顺眼的死对头；会遭遇无法理解的人，也可能遇到无话不谈的心灵伴侣。

每一个差异都是生命中美好的遇见，都有特别的意义。若能如是欣赏生命，就不至于经常在生活中对自己或者对关系感到失落。带着欣赏的眼光看待生活中的差异，你会发现，世界因为这些差异而变得更多样、更美好。

情绪觉察 19

1. 当现实与期待有所落差时，失落的出现本来就是正常的现象。重点是，这些期待究竟是你真正想要的，还是别人给予的期许？

2. 活在"唯有达到某些标准才叫有价值"的世界里，会过得相当辛苦。因为即便费尽心力达到了某些成就，生活中还有千千万万个成就等着你去达成。

3. 每个人都有属于自己的独特的生命意义和生活目标，无须透过比较来建立自己的价值，也无须在比较当中感到失落。

揪出忧郁背后的魔鬼

"好，还要更好"的信念驱策我们更加努力地扮演更好的人。然而，这个"好"，由谁来决定？

某次和一对结婚多年的夫妻谈话，我请他们互相猜猜对方对自己的期待是什么，然后把答案写在纸上。先生想了一会儿，写下："努力晋升、得到更高的薪资。"太太则是："照顾好孩子，不要让学校总是打电话回家抱怨；学一些新的菜式，否则天天都吃同样的东西，不腻吗？"答案揭晓时，双方面面相觑，异口同声地说道："哪是啊！"

太太惊讶回应："我不是说过很多次吗？你的薪水已经很不错了，我希望你可以不用常常加班，有健康的身体，我们也可以多一点时间相处啊。"

先生不解地说："带孩子很辛苦，可以的话买外面的食物也可以，而且我也从来没有嫌过你煮的菜呀！"

两张字条摊开后，真相大白。其实，他们都没有如对方所想的那样要求彼此。

好，还要更好？

念研究生时，有次老师发现我在咨询中经常会以封闭式的问句来问话，导致个案只能得到"对／不对""是／不是"或者"好／不好"的回答，由此我便会感到谈话很难深化，或觉得都只是我在讲话。

后来我改变了问话的方式，老师满意地点点头，接着问我知不知道之后的咨询可以怎么做。当时我很自然地回答："我会更努力地学习。"老师有点困惑："努力什么呢？你刚刚不是已经找到有效的方式了吗？"我却不知道为什么，只能不停答道："总之，我会更努力学习的。"

老师停了一下，问同学们："你们觉得胡展诰是不是一个努力的人？"同学们都点头表示同意。接着，老师又问我："你一直说你要努力，你知道你要努力什么吗？"

我泄气地摇摇头。

事实上，我也不知道为什么我会回答"更努力"，也许是我已经很习惯督促自己做任何事情都要"尽力"。但我其实很少去思考：我到底要努力什么？我难道不够努力吗？这些事情是努力就能解决的吗？

到底是什么让我们总是觉得自己做得还不够？好，还要更好？

不合理的自我期待

学生时代，每次要出去玩耍或约会，我的心里总会隐约有个声音跑出来质问自己："交女朋友？你书都念完了吗？""你觉得自己功课好到可以放下学业跑去玩乐吗？""你考上大学了吗？"甚至读了研究生之后，这样的声音也没有消失："你有工作了吗？到了这年纪还只想着放松？"

这些声音既不符合现实，也不合理——文章开头咨询室里的那对夫妻，他们写下的显然不是来自对方的期待；在督导过程中，老师并没有说我做得不好，但我却在不自觉的情况下一直说要"更努力"；至于抨击自己不该玩耍的声音更是不合理：纵使每一个阶段都有要努力达成的目标，但如果因为这样就完全不允许自己放松，那到底什么时候才"够资格"娱乐呢？

看到这里你可能会发现，这些声音背后往往夹带着某种期待，像是要扮演好自己的社会角色（好老公、好妻子、好家长、好孩子……）、努力还要更努力、不可以放松、不可以总是想着要娱乐等。

这些期待乍看之下好像很正向，但如果没有认真去辨识这些期待合理与否，我们可能会习惯性地受这些声音的驱策，并且在成长过程中不自觉地建立起辛苦而煎熬的生活模式。

有时候不是你不够努力，而是别人的期待太多、太难，甚至太不合理。

这样的状态其实是完形治疗学派当中的"内摄"（introjection）作用。先前提到的投射是指个人将自己不喜欢的部分丢到外界，内摄则是将他人（尤其是重要他人）的语言、期待、评价，未加思索、不经过滤就全盘吸收进自己的内在，并且不自觉地将这些内容拿来作为日常生活的圭臬。

前文"千错万错，都是别人的错？"里提到的那位姐姐，在成长过程中非常孝顺，也很照顾妹妹：遇到玩具、点心不够分的情况时，总是主动让给妹妹；和朋友出去玩，她却总是一过傍晚六七点就有些不安，提醒自己该回家了；直到她已长大成人，每当家里有事情，也总是先告诉住在外地的妹妹不要担心，再排开自己的行程，留在家里帮忙。

仔细探究才发现，原来从小父母亲就常告诉她："身为姐姐，要多让妹妹。""女孩子不应该超过晚餐时间才回家。""长女要懂事、要多担待。"这些充满期待的语言深深植入她的内心，即使她已经长大成人，理应为自己的生活多着想，不需再像小孩一样遵守这些规定，但父母的声音却已成了难以撼动的教条，一直导引着她的生活。

如果我们没能分辨身上的责任与期待究竟从何而来、合不合理，就可能经常让自己负荷过度的压力。

辨别期待来源

一个人如果长时间处在过重的压力情境底下，会让身心的能量都处在耗竭状态。在这样的状态下，我们自然无法好好应对眼前的任务，而这些挫败的经历又会令人责备自己不够努力，觉得自己能力不好，并渐渐对生活、对自己、对这个世界感到无能为力。

这样的无望感，正是造成现代人忧郁情绪的主要原因之一。

想要降低内摄的影响，我们必须先练习觉察自己的内在有哪些"应该"或"必须"，再探索这些期待究竟是自己想遵从的，还是他人在不知不觉的状况下丢给我们的。

以下有个简单且有效的练习：

1. 静下心来，写出五到十个"我应该 ＿＿＿＿＿＿＿＿"或"我必须 ＿＿＿＿＿＿＿＿"。

2. 依照你认为的重要性（像是不可违逆的程度、影响自己的程度），将这些句子进行排序。

3. 排序完成后，请思考这些句子曾经有谁对自己说过，并在句子后面写下这个人的名字或称谓。

你可能会感到讶异，这些原本我们以为是自己对自己的期待，原来经常是来自于他人的声音。值得注意的是，那些重要他人的期待，往往是对我们影响最大（但不一定合理）、最难以觉察，也最难隔绝于外的。

练习分辨自己与他人的期待，适度拒绝那些不合理、不符合实际的要求，才能放下那些可能根本达不到的目标，松开长期且过度的压力负荷，让自己拥有更多的时间与能量，轻松而愉悦地做自己、过生活。

练习 4 觉察来自他人的声音

【范例】

语句	影响力排序	谁对你说这句话
我**必须**在晚上十点前回家。	5	母亲
我**应该**先帮助别人， 不该把自己的需求摆前面。	4	小学老师
我**应该**全权做主，才是果决的一家之主。	2	父亲
我**应该**坚强而不示弱，才是真正的男人。	3	父亲
我**必须**顺从父母的指示，才是孝顺。	1	父母

现在，换你试试看：

语句	影响力排序	谁对你说这句话

情绪觉察 20

1. "内摄"是将他人（尤其是重要他人）的语言、期待、评价，未加思索且不经过滤就全盘吸收进来，并且不自觉地将这些内容作为生活的圭臬。

2. 如果没能分辨自己身上的责任与期待从何而来，或者合不合理，就可能会让自己承受过度的压力。

3. 身心的疲累会降低因应环境的能力，接踵而来的挫败会让我们感到无望，而沉重的无望感正是产生忧郁情绪的主要原因之一。

千金难买早知道

每一次后悔，都在提醒你，过去自己重视的是什么；每一次后悔，都在督促你，要认真地活在当下。

在咨询室里，许多充满情绪与眼泪的故事背后，经常都牵扯着某个共同点——"后悔"。后悔自己当时没能多做或避免做某些事；后悔自己当时想得不够周全；后悔以前对某人的态度太过冲动；后悔没有好好善用时间……

后悔到底算不算是一种情绪？

有些人觉得算，也有些人觉得不算。在这里，我不打算解释后悔的定义是什么，也不想花太多的时间去证明后悔到底是不是一种情绪。不过，有件事情是毋庸置疑的，那就是后悔经常会令我们感到不舒服，例如自责、难过、失落等，简单来讲，后悔绝对不会是令人开心的状态。

我在演讲的时候，经常冷不防地抛出一个问题："请试着想象，现在的你若距离死亡只剩下十分钟，可以选择一件事情重新来过，你会想要在大学联考中多拿五十分，还是想要多陪伴家人十分钟？"

大家抉择的时间通常只需要短短几秒，除了偶尔遇到开玩笑的听众外，九成九以上的人都想要为自己与重要他人的关系多做些什么。

于是，我接着又问："既然在座各位都清楚自己临终前的选择，那么，有多少人现在做的事情，是朝着这个方向前进的呢？"这次，只剩下稀稀落落的人举手，有时候甚至全军覆没。

会场突然陷入一片寂静。

寂静，某种程度上表示个人觉察到自己的行为与方才的回答有所差异，知道现在的生活方式与生命中重要的事情似乎有着一段落差；再者，也代表了大家虽然知道怎么做才是自己想要的，但面对现实生活的生存需求与焦虑，又深深觉得人生就是充满了无奈，无法尽如己意。

"早知道就……"

有次演讲结束后，一位先生到讲台前来与我分享个人经历。他说，两年前癌症末期的老父亲转进安宁病房时，正逢他升任人事管理部门的经理。他相当忙碌，找不到太多可以抽身的时间，唯一一次到病房探望父亲，是正好要到其他公司开会的路上。

那天他心血来潮，买了杯父亲喜欢的热豆花到病房去探望他。父亲当时的意识状态不甚清醒，因此他也只是坐在床边与父亲讲两句话，连豆花的碗盖都来不及掀开就匆匆离去。

后来，父亲在安宁病房只住了短短一个月就过世了。

"没想到出社会的几十年来，我最仔细看着父亲的时候，竟然是看着他挂在灵堂上的遗照。"他有些感慨地说，"刚才听完你的演讲，我很后悔没有多陪陪躺在病床上的他。我猜他也很想要我这个儿子多去看他，但是依他的个性绝对不可能把这些话说出口，后来他神智不清，想说大概也说不出来了……"

"当时你正值工作的转换期，所以忙到没时间去探望父亲吧？"我说。

"很忙是真的，但如果知道再也看不到自己的爸爸，其实再怎么样都还是可以抽出一些时间的……"

"唉，早知道当时如果 ＿＿＿＿＿＿＿＿，就好了。"

这大概是后悔最令人痛苦的部分吧。

无奈千金难买早知道，再多的金钱都换不回已逝的时光，当然也无法回到过去补救些什么，这份无奈也就随之转为自责与无力感，深深地折磨着自己。

其实，你已经努力过

后悔不只出现在人生重大的分离事件上。举凡昨天晚上对父母亲口出恶言，没有在考前多念书，下班后没有多运动而是吃下高热量食物就躺着看电视，行经某个路口时没有多踩一下刹车或注意亮起的红灯等，都容易让人心生后悔。

其实，若认真回头看看那些令我们后悔的事件，会发现，当时自己并非真的什么都没做，也不是故意要把事情搞砸；相反地，我们做的往往已是当下所能想到的最好的选择，或是已从许多不好的选择中，选出比较没那么糟糕的来执行。

就像那位后悔没有多去探望父亲的经理，其实，他也努力地在忙碌的生活中选择先稳定工作、照顾家庭，有时间再多去探望父亲；而那些下班后只吃零食却不运动的人们，或许是想在充满压力的一天后好好地放松、犒赏自己；与爸妈争吵完却感到自责的青少年，实际上是在当下觉得不被理解、不被接纳，才以失控的情绪来表达自己的无力感。

我们并非没有努力生活，只是没有认真地活在当下。

我们可以选择把精力放在规划未来或检视过去。但是，人的能量是有限的，花太多的精力在计划那些还没发生的事情上，或沉浸在对过去的悔恨中，这将会剥夺自己认真而踏实地活在当下的力气。

那么，怎样才能让自己少后悔呢？

后悔了，然后呢？

让我们再次回到那个一片寂静的演讲现场。

正当大家陷入充满无奈的沉默时，我又追加一题："在兼顾现实生活与工作的情况下，现在的你可以多做些什么，让自己在未来比较不会感到后悔？"

台下的听众们纷纷开始专注地思考，并写下目前生活中能做、想做，或过去一直忘了去做的事。

卡在"不知道该做什么，觉得无法动弹"的情境里，经常会让人以为自己真的是没有能力的。因此，当人们听到"原来在兼顾现状下，其实多少还是可以做些什么"的时候，就会重新拥有行动的力量。

思考未来，可以让我们充满行动的希望；检视过去，可以帮助我们修正行动的方向。然而，唯有认真活在当下，才能让我们更真实地去经历生命正在遭遇的事情，也避免未来产生更多后悔。

后悔的正向意义是，它能帮助我们看到当时自己重视的是什么。因为当时的你认为某件事情是更重要的，所以你选择了去做那件事情，只是现在的你回头看，会发现那个决定对现在而言好像不是最好的，如此而已。因此，后悔也提供了一种检视的作用，因为有了对过去的检视，才能让我们在"现在"做出更适当的行动。

如同那位到讲台前来与我分享故事的经理，检视这段令他后悔的经历后，他发现原来"途经医院的路上很想念父亲，看了看手表还有一些时间，所以抽空买豆花去探望他"就是活在当下的行动。幸好他当时做了这个决定，虽然参加那个重要的会议因此迟到了一些，却多了几分钟与父亲相处的珍贵时间。

有些人很庆幸自己与父母吵架时，没有说出更具攻击性的语言；有些人则为自己下班后至少有某几天去了散步运动而感到欣慰；有些人很感谢自己曾经拒绝了某些不当的要求；有些人则有戒烟成功的宝贵经验。

人生不可能毫无后悔，如果能将过去生活中觉得好的事情和经验，拿到现在的生活中多做一些，相信可以有效减少许多未来令自己后悔的机会。

至于台下的听众们都写了哪些想做的事情呢？答案因年龄与角色的差异而有所不同：

"今年的暑假，我要带家人去日本玩五天。"

"下班后陪孩子聊天，跟功课无关的也没关系。"

"我要多去陪伴在赡养院的妈妈。"

"我们家以后吃饭时间不骂人。"

"我要少吃油炸的食物。"

"跟先生沟通时要减少故意揶揄他的话语。"

"我会把电动游戏机借弟弟多玩五分钟。"

"我决定斩断其他的桃花，全心专注在现任女友身上。"

"我要送给老婆一束二十年前求婚时欠她的花，等一下就去买！"一个爸爸站起来，大声地念出了自己写在纸上的内容，逗得众人鼓掌大笑。

人生的确充满着许多无奈，即使再怎么努力，也未必能让每个人（包括自己）完全满意，也不可能事事顺心。然而，有朝一日当我们回头看那些曾经历过的事情时，若发现自己在过程中已谨慎思考，也付出了最大的努力，即使结果未能尽如人意，也无须悔恨自责，更不需要对现在的自己感到愧疚。因为，你已经尽力了。

情绪觉察 21

1. 思考未来，可以让我们充满行动的希望；检视过去，可以帮助我们修正行动的方向。然而，唯有认真活在当下，才能更真实地去经历生命中正在遭遇的事情。

2. 后悔的正向意义，是帮助你看到当时的自己所重视的是什么。

3. 若你已谨慎思考过，也付出了最大的努力，即使结果未能尽如人意，也无须责备过去，更不需要对现在的自己感到愧疚，因为，你已经尽力了。

爱自己, 你需要随身携带的提醒

给情绪一双温暖的手

情绪没有好坏，没有对错，它只是反映着一个人内在的状态。请放下批评，给自己与他人的情绪一双温暖的手。

从小，我就是那种一逮到机会就非得调皮捣蛋的"猴死囝仔"①。例如，趁着老师面对黑板写字时，把卫生纸沾湿后揉成一团往上抛，将教室的天花板粘得惨不忍睹；怂恿班上同学放学后去摘光操场上树上的杧果；偷偷将学校公布栏里的模范生照片乱涂一通；拿了一整年的补习费却跑去打电动游戏；当值日生推餐车时，偷偷把营养午餐咖喱鸡丁最好吃的部位先偷吃掉（我家卖了三十年的烤鸡，我早已练就凭着小小一块鸡肉就能知道那是哪个部位的功力）。

爸妈可能因为经常接到学校老师的投诉而恼怒，或因为找不到有效的管教方式而感到受挫，也可能是因为工作忙碌，没时间一而再、再而三地对我重复说明同样的道理，到最后他们只好选择用打骂的方式来取代说理。

---

① "猴死囝仔"，在闽南语中一般指调皮的小孩。——编者注

如果是现在，这样的体罚方式可能会被判定为管教过当。不过，当时爸妈在工作忙碌之际还能够顾及我们的学业、管教我的行为，已是很不容易的坚持了。

长大后，虽然知道不会再被严厉处罚，但那种挨打的情境与恐惧，却深深地烙印在我的心里。直到现在，当我看到别的父母亲斥责孩子，或是主管在办公室里大声责骂其他同事的情景时，潜藏在内心的恐惧还是会不由自主地一再浮现。

事隔多年，有几次与爸妈在电视上看到儿童受虐或管教过当的新闻时，我就会开玩笑地说："其实，家长想要让孩子听话根本就不需要这样严厉地处罚，小时候我就是因为常被处罚，所以在心里留下了许多阴影。"讲完还故意叹气摇头。

或许我会这样讲，不是在开玩笑，而是想用比较轻松的方式对他们表示抗议。

在成长过程中，当我回想起以前被打骂的经历，还是不免觉得生气与委屈。我总是会抱怨为什么爸妈要用这么激烈的方式来管教我，让我从小就感到恐惧，不敢说出自己的想法，且对权威感到惧怕。但我找不到克服的方式，为了让心里那个闷住的情绪有个出口，我只能透过这种机会来表达我的不满与受伤。

有次遇到类似的情境，我又使出同样的"抗议"方式，没想到一旁的母亲突然放下手中正在拣选的地瓜叶，带着愧疚的口气小声说："那时候我们真的不知道这样会让你们很害怕，如果知道影响这么大，我们怎么打得下手，我真的很抱歉……"妈妈的声音小小的，我却听得出来，对于一位传统的家长，那需要很大的勇气才说得出口。

或许是没想过母亲会如此愧疚地说出这段话，我停止了以往揶揄的口气，向她点了点头后，默默地转身离开客厅。回到房间的刹那，止不住的眼泪不停地掉下。闷了十几二十年的情绪就像突然被打开的水闸一般，所有的委屈与害怕哗啦啦地往外流泻。

这是怎么了？

以往我不是很擅长用这样的方式让爸妈知道我的不舒服，让他们知道这样的管教方式会让孩子很害怕的吗？怎么刚刚那瞬间，我却一句话都说不出口？

后来想想，原来我要的并不是谁的道歉，也不是希望父母亲为过往的管教方式感到愧疚，我需要的，只是内在那份恐惧与害怕的情绪被看见、被接住，然后被摸摸头呵护，这样就够了。即使我知道那份替代性的恐惧在未来多多少少还是会被引发，但此刻的我却不再感到那么气愤与害怕。

让情绪被看见与接纳

情绪需要被看见，被理解，被接纳。

如此一来，一个人才会感受到自己是被爱的，也是安全的、有价值的。

心理咨询也是如此。在咨询中，个案遇到的问题成千上万种，任凭再资深、功力多深厚的心理咨询师都不可能帮助个案解决每一种问题（这也不是咨询师该做的事情）。面对那些丧亲的孩子，我们不可能让他们的亲人复活；对于那些曾经遭遇过重大意外或遭性侵的孩子，我们无法回到过去阻止憾事发生；对于那些积欠大笔债务而压力满载的个案，我们当然也没有可能替他们偿还债务。

既然如此，当人们遇到了困境，心理咨询可以协助的地方是什么呢? 答案是，提供一个安全与接纳的空间，陪伴一个人真真实实地面对自己的情绪，并重新生出面对自己、面对挑战的勇气与力量。

情绪是本能

面对困境，我们可能会伴随紧张、焦虑、受挫或害怕等负向的情绪。在传统观念里，我们总是被教导：解决问题才是重点，太多的情绪都是多余的，也是懦弱的象征，那只会妨碍我们的理性判断与工作效率。然而，这样的说法却忽略了几个重要的事实：

·情绪是生物的本能

人类因应不同情境，会体验到不同的情绪，这些情绪会帮助我们保护自己、克服困难，做出其他相对应的回应。所以，这些情绪其实是面对困境与挑战时再正常不过的自然反应。既然是自然反应，当然也就没有道德上的对与错之分；否认这些情绪，就像是在否认自己最自然的本能。

·每种情绪都是自己的一部分

焦虑，可能是来自对未知情境的担心；受挫，可能是以往遭遇失败的经历所致；害怕，可能是担心自己能力不足。当然，这不是情绪唯一的解释，同一种情绪可能因为每个人的成长背景与特质的不同而有不同的含义。但是，如果我们选择压抑与否认这些情绪，我们也就失去了认识自己的重要根据。

·情绪反映某些内在需求

当一个人感到孤独时，表示他可能需要陪伴；快乐时，可能需要有人一起分享；感到受挫时，可能需要被理解、被鼓励；伤心时，或许需要被倾听、被接纳。如果无法正视自己的情绪、从情绪中探见自己内在的需求，即便我们努力将生活维持得看似完美，还是会使自己的内在越来越匮乏。

卸下内心的盔甲

情绪，需要的是一双能够稳稳承接、温暖而厚实的大手。

带过小孩的人都知道，很多时候孩子向我们哭诉、抱怨，要的其实不全然是大人帮他解决问题。有时候我们抱抱他、摸摸他的头，再加一句："哇，你看起来很生气，你怎么啦？""你一定很难过吧？""会不会痛痛？给你呼呼哦。"就足以让他的情绪转阴为晴、破涕为笑。虽然我们没有直接帮他解决问题，但因为接纳并安抚了他受伤的心，于是他能重新生出再度面对挑战的勇气。

可惜的是，很多大人一听到孩子抱怨，不是急着教训他要勇敢、别那么爱哭、不要抱怨，就是严肃地搬出一番大道理，分析事情的是非对错，再指出他本身其实也有做错的地方，搞得事情比原本的状况还紧张。孩子本来是带着受伤的心来找我们诉苦的，却因而更受伤，决定以后不再透露自己的难过与脆弱，不再跟别人谈心（我们可能还因此困惑："我明明就很努力地要帮孩子，为什么他却离我越来越远？"）。

当一个人的情绪与感受被别人（尤其是重要他人）看见、理解、接纳，原本为了保护自己免于受伤而不得不穿上的盔甲就可以慢慢被卸下；那如寒冰般坚硬的心，也会像被捧在温暖而厚实的大手上，因感受到温暖而逐渐融化、柔软。

心软了，也就不需要再花这么多的力气去伪装自己、攻击他人，而能够把这些能量投入到营造更健康的生活上；心软了，就可以卸下那副认为这个世界充满攻击与危险的眼镜，试着用正向、欣赏的眼光来看待这个世界，也欣赏自己；心软了，人就可以更放松、安然地生活，去感受自己内在那股爱的能量，学习爱自己、也爱他人。

过去，我们总是企图透过隔绝情绪来保持理性，却总是被莫名的情绪扰乱了思绪；现在，让我们一起试着正视情绪、探索情绪，减少失控的频率，也减少被情绪支配的窘境。

慢慢地，我们会发现，诚实地与情绪相处，而不是用力控制情绪，才能让自己真正成为情绪的主人！

情绪觉察 22

1. 情绪没有对错好坏之分，需要调整的不是情绪本身，而是表达的方式。

2. 情绪需要被理解、被接纳，而不是被批评。如此一来，才会让人觉得自己是被爱且有价值的。

3. 心理咨询提供一个安全的空间，陪伴个人诚实面对自己的情绪，重新生出面对自己、面对挑战的勇气。

4. 面对并接纳自己真实的情绪，而非用力地控制，才能成为情绪的主人。

当一个人的情绪与感受被别人（尤其是重要他人）看见、理解、接纳，

原本为了保护自己免于受伤而不得不穿上的盔甲就可以慢慢被卸下；

那如寒冰般坚硬的心，也会像被捧在温暖而厚实的大手上，

因感受到温暖而逐渐融化、柔软。

身体会说话

肢体动作本身就是一种语言，反映着我们的情绪与感受。那些未被觉察的小动作，经常蕴含认识自己的重要信息。

除了心跳的速度、讲话的口气，你是否还曾感受到身体因为喜怒哀乐而出现什么反应？

"情绪"之于我们，经常是种很抽象的概念，它没有形状、没有重量，而且难以描述和比较。因此，如果有人要我们去"觉察"情绪，那真是一件令人头大又抓狂的事情。不过别担心，其实我们可以从很多具体地方去发现、了解自己的情绪，其中一种方式，就是从观察自己的习惯姿势或小动作开始。

探索"肢体语言"

这几年来，我慢慢培养出观察自己的小动作或身体姿势的习惯。一开始并不是为了分析什么，只是偶然发现自己在某种情况下好像会摆出特定的姿势，觉得有趣便持续留意，没想到最后发现自己无意识的小动作还真是不少。

每个人的惯性动作或姿势可能都不一样，例如：跟不熟的人说话时，脸上会不自觉地出现僵硬的笑容；和不喜欢的人说话时，若觉得不耐烦、感到威胁，桌子底下的双手会不自主地揪住衣摆或紧紧握拳；压力大或害怕时，会咬紧上下排牙齿、双颊绷紧；听到感兴趣的话题时，上半身会往前倾；面临（或感受到）谈判的氛围时，上半身会不由自主地往后靠在椅背上并跷腿；紧张时抖腿；熬夜赶工而焦虑时，肩膀高耸而僵硬……

肢体动作本身就是一种语言，同时也对应着我们的情绪感受与需求。

人类的肢体语言有共通性，当然，也会因个别差异而有不同。如果我们不去觉察这些动作，不仅错失理解自我的机会，更可能因为长期且固着的姿势对身体造成伤害。

这些动作的反应之快，远远超过我们脑袋所能够觉察的速度。如果能理解这些动作背后想要传达的信息，将会对我们理解自己的情绪有很大的帮助。

那么，究竟如何才能在生活中留意那些自己没有意识到的小动作，并理解这些动作背后所隐藏的信息呢？

·第一步, 搜集小动作或特定姿势

请亲近的亲人、好友或同事针对你的小动作给予反馈，再将这些动作记录下来。知道自己有某些特定动作时，先不要急着觉得羞愧、自责，或予以否认，这些动作并没有对或错，也不需要因此被责骂。更何况，它们可是帮你更了解自己的重要线索呢。

当然，你可能会在一个情境下，同时观察到自己有好几个小动作（例如皱眉头、呼吸急促、肩膀紧绷），那么恭喜你，这代表你对自己身体反应的观察是很敏锐的。不过刚开始练习时，建议从中挑选一个最明显的姿势来深入探索即可。

·第二步, 留意动作出现的时空背景

得知自己有某些惯性动作后，可以试着留意：这些动作或姿势出现的时间、地点、空间为何？会在什么情境或哪些人面前出现？出现这个动作时，当下的情绪与感受是什么？当我们开始将过往某些情境与可能总是出现某些动作进行联结，未来再次经历这些情境时，就更能留意这些动作或姿势的出现。

为什么要先观察自己的小动作，再进一步觉察这些动作背后可能的情绪呢？因为多数时候连我们自己都很难意识到这些动作为何会出现，所以要从认知里瞬间找出一个确切的答案，难度实在太高了。

·第三步，暂时停留在这个动作上一会儿

请提高警觉，下一次觉察到自己正出现这些动作或姿势时，记得先让自己暂时停留在这个动作或姿势上，稍微感受一下，当下的自己有什么情绪？身体有什么感觉？例如，发现自己肩膀高耸而紧绷时，就先让自己停留在这个姿势，或发现自己正在抖腿，就让自己的腿有意识地继续抖一会儿。

·第四步，探索惯性动作隐含的信息

这是最重要的步骤。观察到自己的动作，并有意识地在动作出现时感受情绪，接下来，就要问问自己：这些动作背后究竟在诉说什么信息？代表着哪些情绪？传达出什么需求？

以下用两个例子示范如何应用上述的四个步骤。

【范例一】

1. 搜集小动作或特定姿势：双手紧抓衣摆或紧紧握拳。

2. 动作出现的时空与背景：跟不熟、不喜欢的人说话时；觉得被批评或比较时。

3. 暂时停留在这个动作上一会儿：

（1）当下的感受或情绪：不耐烦、急躁、厌烦。

（2）想法："天啊，无聊死了，可以赶快结束吗？""怎样才能结束这无聊或痛苦的对话呢？""他干吗这样咄咄逼人？我好想赶快离开

这个地方！"

4. 探索小动作背后的需求：想结束话题、想逃离现场，让自己感到轻松自在。

【范例二】

1. 搜集小动作或特定姿势：抖腿、来回踱步。

2. 动作出现的时空与背景：上台报告；准备面试；等待医生的诊断报告。

3. 暂时停留在这个动作上一会儿：

（1）当下的感受或情绪：紧张、焦虑、恐惧。

（2）想法："对方问的问题我会不会答不出来？" "等一下会不会忘词或愣在台上？" "希望诊断结果一切平安无事。"

4. 探索小动作背后的需求：分散紧张的情绪。

上述四个步骤的排序由浅入深、从具体到抽象，建议读者一开始练习时可以照这个顺序来操作。当然，这就跟你学开车一样，只有一开始才需要细部拆解、逐步练习，一旦熟练了，就能随心所欲地变换顺序，甚至省略某些步骤。

透过肢体动作来自我觉察，还有一个相当重要的好处。

在日常生活中，很多人经常苦于自己会出现某些小动作（有时这些动作可能会让我们在人际互动中感到难堪）却不容易改掉，例如频繁抖腿、抠指甲、眨眼睛、抓头皮等，有些人在紧张或害怕时，甚至会不自觉地憋住呼吸。经由上面的练习，觉察到这些动作可能来自内在的焦虑、紧张或害怕，就能提醒自己停下来，并试着用其他方式来舒缓情绪。

练习 5 倾听身体的信息

1. 搜集小动作或特定姿势：_____。

2. 动作出现的时空与背景：_____。

3. 暂时停留在这个动作上一会儿：_____。

4. 探索小动作背后的需求：_____。

建议刚开始时，可以依序由浅入深、从具体到抽象循序渐进地练习，熟练之后，再试着变换顺序加以练习。

如果我们能找到其他更适当的方法来安定自己，那就不再需要通过这些无意识的小动作来宣泄情绪了。

情绪觉察 23

1. 观察自己习惯的小动作或姿势，可以帮助我们觉察自己的情绪。

2. 一旦觉察这些动作可能来自内在的焦虑、紧张或害怕，就能提醒自己停下习惯的小动作，试着用其他方式来舒缓情绪。

学会弹性思考

在那些看似没有选择的事件里，经常藏着隐密的灰色地带。而这灰色的空间，往往能为窒息的感觉灌注一股新鲜空气。

上小学时，我曾听老师分享过一则故事。

有个农夫傍晚结束农作后，背着锄头独自走回家。当他穿越黑暗的竹林时，他听到身后响起奇怪的声音。起初，他不以为意，但那声音亦步亦趋地跟着，他环顾周围黑压压的一片，害怕的感觉油然而生，脑海里浮现各种恐怖的情节。

是不是有坏人跟踪？灵异现象？还是有猛兽在后方虎视眈眈？

他越想越害怕，只好加快脚步往前走，但走得越快，身后的声音也响得越急促。

最后，这位农夫在极度的恐惧中不小心绊到石块，跌倒而死。

"阿呆啊，他回头看一下不就好了吗？"我哈哈大笑，不仅打断了老师的话，全班同学听了也跟着起哄。

"我有说可以讲话吗？给我去后面罚站！"老师白了我一眼，显然没料到有人敢打岔。

聪明的读者都清楚，农夫其实是被自己幻想出来的恐惧给吓坏了。

如果当时真的有鬼魂，说不定它都还来不及做些什么，就目睹农夫自己吓死自己，只得愣在一旁干瞪眼。

非理性信念——内在弹性的缺乏

美国临床心理学家阿尔伯特·艾利斯（Albert Ellis, 1913—2007）认为，许多"问题"其实是我们自己"想"出来的。我们之所以在生活中感到烦恼、困顿，追根究底，很多时候是因为个人思考事情的惯性模式使自己陷入了痛苦的情绪里。

也就是说，事情的本质是中性的，是我们的思考将它导向狭隘而黑暗的空间。

我们在成长过程中所学习到的信念，在潜移默化下影响了思考模式，使我们将原本无害的事情想成了严重的、负向的、毫无希望的结果，接着令自己感受到痛苦、愤怒或无望等情绪。艾利斯将这些会令我们痛苦且未必符合现实的想法称为"非理性信念"，例如：

· 我必须被周遭所有的人喜爱，才是有价值的人。

· 我必须全知全能，才是有价值的人。

· 我必须为别人的问题负起责任。

· 过去的经验决定了现在的生活，无论如何努力都无法改变现状。

· 每个问题都有相对应的完美答案，唯有找到这答案才能解决困难。

· 每个人都必须找到且依附在另一个比自己强大的人身边，才能够活下去。

· 若事情的发展不如自己所预期，绝对是非常可怕的状况。

上述的想法经常在我们的日常思考中出现。尤其当我们的主要照顾者或重要他人有类似的信念时，我们在成长过程中很难完全不受影响。然而，你是否已发现，上述几个信念的内容本身除了不全然符合现实外，还有另一个重点，这些非理性信念都缺乏了一个重要元素——"弹性"。

其中有许多的"必须""绝对"，都会让我们不自觉地陷入一种"非黑即白""全有／全无"的错误逻辑里。

饮食习惯过与不及都不适当。油炸、刺激性、酒精类等食物，偶尔享用能让人开心，也不至于对身体造成负担；太过频繁或过量摄取，却可能对健康产生伤害，甚至造成严重病变。

思考模式也是如此。

我们有时会希望有人可以依靠，会期待周围的人都能喜欢自己，想解决他人的困难，渴望找到一个能解决问题的完美解答等。这些都是难免会有的想法，即使未能如愿，若能一笑置之，告诉自己还有其他的可能性，也就无妨。但最可怕的是，我们主动将许多的"必须""绝对"加到思考模式中，使选项仅局限在"有／没有""对／错""一定要……才可以……"的非黑即白情境中，久而久之，没有了"弹性"，丧失了情绪的自由。

一旦思考失去了弹性，我们就等于失去了其他的可能，将自己推进一个没有出口、令人窒息的狭窄空间里。

在日常生活中，我们也经常因为缺乏弹性的思考，而让自己陷入难受的情绪中，例如：

· "父母亲期待的每一件事我都要办到，否则就是不孝。"
如果父母亲的要求未必合理，或者与我们对自己的期待不一致呢？是否可以让大部分事情都尽量让父母亲满意，某些事情则试着进行沟通或婉拒？这么做既能维持关系和谐，也能保有"做自己"的空间。

· "我被提分手，这辈子与幸福无缘了。"
即使被提分手也不等于所有人都认为你是不好的，更不代表再也不会遇到爱你的人。何况，分手原因也许不全然都在你身上。

· "我被好友背叛，世界上没有值得信任的人。"
其他愿意在你难过时陪伴你、听你重复倒苦水的家人、手足、朋友，他们都还是爱着你、值得你信任的人。

· "我必须成为最受欢迎的人，做人才有意义。"
如果班上或公司里已经有风云人物，难道也要因此否定自己的价值吗？退而求其次，成为"有许多好朋友"或"有几位知心好友"的人，这样的目标也许更容易达成，也会让你过得更轻松。

· "同学逛街没约我，他一定讨厌我。"
或许他只是忘了约你，或许他猜想这次要逛的地方你可能没兴趣，或许他这次想跟别人聊不同的内容。我们都没有权力，也无法规定所有人做什么事都必须想到谁，事实上，即使没有想到你，也不代表他们就是讨厌你。

灰色地带——弹性的建立

咨询中，很多时候心理咨询师只是协助来谈的人在他原本以为被局限、毫无其他可能的困境里，帮助他们看到其他的弹性空间或灰色地带，这就足以令一个人内心长久的阴天瞬间转晴，重获面对困境的意愿与希望感。

我常遇到大人带着容易暴怒的孩子来跟我谈话，接下来与孩子咨询的期间，大人有时会跑来抱怨："跟你谈话了，他还是会生气啊！""看起来咨询也没用嘛。"不难发现，这些话语中缺乏了弹性的思考，像是："孩子从此不再生气，咨询才算是有效，否则就是咨询失败。""生气是完全无法被允许的。"好像孩子只能在生气与不生气之间选边站。

而当大人这么说的时候，孩子也会感到受挫："唉，我果然没救了。""反正我只会生气，那我就继续气吧！"

因此，我会带着老师或家长练习改用较有弹性的思考，例如："孩子生气的频率下降、生气强度减低，都是一种进步；即使偶尔又生气，也不代表前功尽弃。"

在我的经验里，只要能用比较有弹性的信念来面对孩子，大人本身就比较不会因为受挫而陷入无望感，也会因为看得到孩子的进步，愿意继续更积极地辅导他们。而孩子感受到大人对他的信任，也会增加想改变自己的意愿与动机。

记得，随时检视一下自己脑海中那些"看似理所当然，其实没有道理"的僵固非理性信念。

最有效的方式之一，就是把类似上述会让自己生气的语言记录下来并存盘。过一段时间再回来看看，也许会发现当时自己所想的可能不合逻辑，或者太过决断而缺乏弹性。

生活中的各种习惯可以经由学习、改变来建立，思考模式当然也一样，我们可以透过练习，让原本充满"绝对"而固着的内容逐渐松动，使自己具备更有"弹性"的思考方式。试着增加黑与白之间的"灰色空间"，给自己多一些弹性。

这世界没什么事情是无法改变的。如果真有无法解决的事情，那就更无须为了这件事情烦恼，因为那也只是徒劳，不如把心思投注在更值得努力的地方。

情绪觉察 24

1. 许多"问题"其实是我们自己"想"出来的。我们之所以在生活中感到烦恼、困顿，很多时候是因为思考事情的惯性模式，使自己总是陷入痛苦的情绪之中。

2. 那些会令我们感到痛苦且未必符合现实的想法，称为"非理性信念"。这些想法之所以令人痛苦，是因为它们大多偏离现实情境，且缺乏弹性，充满"绝对"与"必须"，导致个人失去看到其他可能性的空间。

3. 对于思考模式，我们可以透过练习，让原本充满"绝对"而固着的内容逐渐松动。请试着增加黑与白之间的"灰色空间"，给自己多一些弹性。

换个视角，探寻另一片风景

许多难题的解决之道往往就在难题本身，有时只需要换个视角，就能从问题身上找到解答。

我经常在演讲时分享一段往事。

某一年农历春节的家族聚餐，正当大伙围着圆桌开心地享受满桌佳肴时，伯母突然指着就读小学、正在大快朵颐的堂弟，大声地说："我们家这个，被人家欺负不懂得还手，借别人钱不会要回来，只差一题就满分也不会学其他同学去跟老师讨价还价，脑袋不知道在装什么……"原本开心吃饭的堂弟听着听着筷子就僵在手上，整张红通通的脸也低得快埋进碗里，气氛瞬间多了几分尴尬。

不过，伯母似乎没有想终结这样的氛围，转头对着家族里唯一的心理咨询师——我，说："你是专业的，帮我看看他有没有什么要治的？"语毕，同桌十双目光瞬间"咻"地射向我。

哇！这真是个深不见底的陷阱，一不小心偏向某一方，就会得罪另一方。我仿佛感觉到背脊冒出了冷汗。

咽下了口中的饭菜，我努力思考了一下，接着回应："我觉得他是一个大而化之的孩子哦！"

"啊？"伯母听到这样的回应似乎有些讶异。

"他在学校的人缘一定很好吧？"我说。

"嗯，是这样没错……"伯母顺着我的语言脉络，只能继续回应，"我是没听说他有和同学吵过架，也常常有同学来家里找他打球，但是我总觉得……"

伯母好像觉得有道理、又有些欲言又止的样子，我打铁趁热再补上一句："小小年纪就这么有度量，一定是爸妈教得好啊！是不是？是不是？"我赶忙转头问问同桌的亲戚，大家听了连忙点头赞同，跟着赞美一脸诧异的伯母。

通常当我说到这句话的时候，台下听众就会发出"哇！"的赞叹，并且响起一阵掌声。其实，当时的我也在心里偷偷为自己鼓掌，因为伯母露出了欣慰的微笑，堂弟得到了解套，而我也安然度过了当时的"险境"，皆大欢喜。

重新诠释——为事情寻找正向意义

前面这段故事，呼应了我在咨询工作中的态度之一——同一件事情，若从不同的视角切入，就能看见不同的面向。

很多时候，我们的思考很容易会固着在某个点上，在这个狭小的空间里钻牛角尖。不幸的是，我们所执着的经常是自己做得不好、力有未逮的部分，于是想着想着，就觉得自己好像什么都做不好、一切都不如自己所想、事情失去了希望感等。按这脉络想下去，很快就会有世界末日降临的无望感。

想要跳出这种被困住的情绪，就必须转动眼睛，试着从不同的角度来看事情。

叙事治疗（narrative therapy）里有一个概念叫作"重新框架"（reframing），意思是针对同一件事情，从不同的角度重新诠释，进而从中探见正向的意义，协助个人生出正向的力量。

所谓的重新框架不是自我安慰，也不是睁眼说瞎话。所以要做的，不是在一个人遇到挫折的时候安慰他"失败乃成功之母"，也不是在他失恋时告诉他"下一个会更好"，或陪着失恋的人大肆批评对方是极为糟糕的人（明明恋爱当时就觉得对方是全世界最好的人啊）。

重新框架，是为了帮助我们在同一件事情的脉络下，试着看到自己正向的特质，看到自己付出的努力，也看到事情的更多面向，而不只是让自己困在充满无望感的汪洋中。

切换视角——跳出自我怀疑的困境

前阵子，有位好友透过脸书传信息给我，他说他的生活过得很痛苦，觉得自己经常困在情绪的旋涡里。举凡人际互动、通讯软件里的"已读不回"、伴侣的一个眼神或一句话，都让他担心自己是不是惹怒了对方，对方才回以冷淡的态度。甚至有时在工作上，他对下属说了比较重的话，转身又立刻为此感到懊恼不已，不懂自己为何要用这种态度说话。更痛苦的是，他也苦恼于自己为什么总是容易为小事感到苦恼。这样的思考模式，经常让他彻夜辗转难眠，不懂为什么别人不在意的事情，自己却总是难以轻易放下。

"我这样算不算是忧郁？是不是有病？"

对话框里显示着"正在输入……"的时间足足有好几分钟之久，显然对他而言，要向我坦露这个担心相当不容易。

有没有忧郁？有没有什么状况？老实说，透过对话框里简单的几句话，我很难回应，更不敢妄下定论。但有一件事情我是确定的。

我回了他："或许这表示，往内在去检视自己的想法、价值，对你而言是很重要的事情。"

对这位朋友而言，一句话、一个互动、一个眼神，经常足以让他思考许久。思考自己在意什么、为什么会有这么多情绪的波动，甚至思考自己为什么总是这么用力地思考而让自己痛苦不堪。

没想到一会儿后，对话框里传来他的回应："谢谢你，不知道为什么，你这句话让我心里的石头瞬间放下，整个人觉得轻松许多！真的谢谢你……"

或许会有人感到疑惑，觉得我既没有正面回答他的问题，也没有给出什么具体建议，或告诉他怎么样才能不要想这么多，为什么他会有这样的回应？

其实，我当时也没有想到他会有这样的反应，后来想想，或许我是在狭窄的房间里推开了另一扇本来就存在的门，让阳光有机会照进原本黑暗的空间。

我们讨论的是同一件事情，但他是从担心与责备的角度出发，于是让

他联想到自己是不是患了忧郁症，是不是"瞎操心"？如果从另外一个"善于反思、愿意探索自我"的面向来看，他的思考反而凸显他是一个敏感且很能内省的人——不会随意把责任往外丢，而是时时观察自己、觉察自己内在正在发生什么事。虽然这样的思考模式会让自己不舒服，但那绝非一种病态的行为，甚至能让他发现即使自己痛苦着，也依然愿意持续探索内在的世界。

当他能觉察自己的行为其实也带有某些正向的意义时，就不需要再把自己关在那个狭小的房间，任凭满满的挫折与自责将自己淹没。

同样的道理，我们可以选择将力气放在关注孩子不如我们所期待的样貌上，也可以选择看到孩子这样的行为模式为他在人际关系上带来的优势；可以选择嫌恶自己的"瞎操心"，也可以选择欣赏自己是个愿意反省自我、观察自我内在状态的人。

当然，我们可以选择责备自己有时候会出些差错，也可以肯定内在那一份即使失败、被骂，也从不选择放弃的坚毅与勇气。

换个角度思考不一定能够海阔天空，而原本的困境也未必就会自然解决，但可以帮助我们走出那个单一且缺乏理性的视角，跳出动弹不得的困境，看见另一片不同的风景。

练习 6 换个视角看事情

【范例】

负向形容	正向形容
神经大条	没有心机、不会钻牛角尖
多愁善感	心思细腻、敏感
爱凑热闹	对周遭环境好奇、对环境保持关心
冲动	不会压抑自己的情绪
爱计较	懂得维护自己的权利

换你试试看：

负向形容	正向形容
自私	
好管闲事	
缺乏主见	
懒惰	

情绪觉察 25

1. "重新框架"是针对同一件事情，从不同的角度重新诠释，进而从中探见正向的意义，协助个人生出正向的力量。

2. 同一件事情，若我们从不同的视角切入，就能看见不同的面向。

3. 换个角度思考未必能解决所有问题，但可以帮助我们走出单一且缺乏理性的视角，跳出动弹不得的困境。

逆向操作，也能找回正能量

我们经常在等待能扭转现状的解答出现，却忘了自己就有主动迎击的行动能力。

情绪是生命中如影随形的状态，却也是经常让我们觉得最难改变的部分。

前面提过的心理学家艾利斯，主张人类的情绪是受认知影响后的产物，要改变情绪就必须调整自己的想法。他认为我们的忧郁、生气、难过，经常是因为被自己的想法影响所导致。因此，即使无法直接对坏情绪"动手脚"，还是可以透过调整自己不切实际、固执的想法来改变心情。

所谓"不切实际、固执的想法"，例如有：我必须让周围所有人都喜欢我；我必须每件事情都精通；我得为其他人的事情负起责任；每件事情一定都有唯一且完美的解决方法等。

但是，事情往往不像我们想的那般简单。

如果想法跟情绪都很难改变，那怎么办呢？

从行为改变情绪与想法

除了情绪和想法之外，还有一个很重要的环节，叫作"行动"。

情绪、想法、行动，这三者的关系就像环环相扣的齿轮，拨动其中一者，也会带动另外两者转动。因此，只要其中一者有所改变，就会影响其他两者的状态。

我们都知道想法经常影响我们的行为，但我们忽略的是，行动也会渐渐影响一个人的想法。举例来说，你如何思考，就会那般说话；而你习惯了某种说话的方式，也会逐渐形塑你的态度。

现在，让我们再回到前面所说的困境：如果心情、想法暂时不想（或无法）改变，只是采取不同的行动方式，会带来什么正向的效果吗？

会，当然会。

有个古老的民间故事是这样的。一个媳妇因为痛恨婆婆总是虐待她，跑到中药店买毒药，想要毒死婆婆。老板听了露出有些阴险的表情："有是有，不过我不建议你买毒性太强的，因为这样容易启人疑窦。我建议你买药效比较和缓的，每天一点一点喂她吃。哼哼！只消半年，就可以在不知不觉间达到你的目的。"

"要怎么喂她吃呢？她根本不愿意靠近我……"平常从来不帮婆婆准备三餐的媳妇满脸困惑。

"这还不简单？你从今天起就假装孝顺地服侍她吃三餐，然后在饭菜里加一点。记得，要假装很孝顺。"老板再三提醒。

"嗯嗯，对哦！"媳妇一听心里大喜，蹦蹦跳跳地捧着……哦不，是藏着毒药回家。

从那一天起，媳妇"遵照医嘱"，努力"假装"孝顺地服侍婆婆。起初当然很不愉快，几度想要放弃，但想到未来不用再面对婆婆，就提醒自己要"持之以恒"。日子一天一天过去，婆婆因为感受到媳妇的孝心，原本冰冷严苛的态度竟逐渐软化，也跟着关心起媳妇。而媳妇一来因为习惯了用正向的方式与婆婆相处，二来因着婆婆态度的转变，对待婆婆也越来越真诚、细心。

时光飞逝，半年"咻"地一下就到了。媳妇想起老板说的年限，大惊失色地冲进中药店哭喊："有解药吗？我不想要我婆婆死掉，她是个好人啊！"

只见老板神色自若，得意扬扬地摸摸胡子："呵呵，我开的是健胃养气的方子，没事、没事。"

故事有了圆满的结局，婆媳两人从此以礼相待、和气融融。

从这则故事来看，虽然媳妇一开始的动机很明显是犯法的，而老板的行为也可能涉嫌欺诈与教唆，但是这故事的确是"行动影响想法与情绪"的最佳例子。

究竟让这个故事里的两个人物化仇恨为友善的原因是什么？让我们透过情绪、想法与行为这三要素来瞧瞧。

行为层面上，两人有很长一段时间都在互相攻击与折磨对方；媳妇对婆婆的想法（她一定是个坏心眼的人，应该是邪灵转世）与情绪（对婆婆感到生气、不满、害怕），长期以来都是负向、不舒服的，但中药店的老板却巧妙地让她从行为开始做改变。

从行为开始改变的初期一定会有些困难，因为想法与情绪尚未改变，行动起来难免碍手碍脚。但是当媳妇持续练习新行为时，一来因为自己已经习惯更适当的新行为，二来则是因为新的行为改变了婆婆的想法（原来这媳妇是个孝顺体贴的女孩）与情绪（对自己以前的行为感到愧疚，继而觉得温暖，最后喜欢媳妇），从而改善了婆婆对媳妇的回应。这两点也间接改变了媳妇的想法（原来婆婆是个温暖的长辈；我以前对婆婆的态度也不好）与情绪（觉得温暖、被爱；对以前的行为感到自责）。

先"做"再说——创造改变的契机

很多人一定会很困惑：在心不甘、情不愿的状态下，怎么可能持续执行那些自己不喜欢或不熟悉的行动呢？

其实，故事里还隐藏了一个启动改变的关键因素，聪明的你发现了吗？

答案揭晓，那就是中药店老板强调的——"假装"。

他知道这位媳妇一定无法用和善的态度对待婆婆，所以提醒她用"假"的态度去与婆婆相处，这不仅是在强调"先行动就对了"，也能减少情绪与想法上的抗拒（说真的，要对一个自己憎恨或害怕的人表达善意，并不是简单的任务）。虽然是假装，但至少能开启一个不一样的行动，而行动往往也是启动改变的要素之一。

人生不如意事十之八九，生活中难免遭遇困境与挫折，当人们感受到生气、难过、忧郁、失落等痛苦的情绪时，经常期待找到不开心的原因与线索，以为这样就能好过一些。实则不然，很多事情即使找到了答案也未必能恢复原状，更遑论那些找不到答案与解决方式的困境。

如果总是期待找到原因或什么线索才开始行动，事情可能很难有什么改变，更遑论要重拾正向的情绪。

因此，情绪不好的时候，不妨试着去做些自己平常喜欢做的事情，比如到户外散步、听喜欢的音乐、看电影、吃点小东西、与好友见面聊聊、看场电影等（当然，也不必勉强自己一定要去做些真的不愿意或令你痛苦的事情）。即使你不是真的非常想这么做，但就像中药店老板的提醒：让自己"假装"愿意，去做做看，或许在找到问题的解决方法之前，这些行动就能帮助自己的负向情绪稍稍得到缓解或平复。

情绪平稳了，就会拥有更清楚的思路来帮助自己面对生活中的困境，并做出更适当的决策与行动。

请记得，情绪、想法、行动就像三个紧紧相扣的齿轮，一旦向其中一者施加正向的能量，另外两者也会跟着转动出好的结果。这真是名副其实的"一举三得"，投资报酬率相当高呢！

情绪觉察 26

1. 情绪、想法、行动，这三者的关系就像环环相扣的齿轮，只要其中一者改变，就会影响其他两者的状态。

2. 事出未必有因，有时问题未必能有完美的解答，如果总是等待着能说服自己的理由出现，可能会让自己一直深陷在坏心情里。

3. 开始行动，就可能让事情有所不同，也能让坏心情有拨云见日的机会。

为自己发声

练习说出自己的需求与限制，别让埋在心里的委屈累积成内伤。

初中时期，班上有一个绰号叫作"软蛋"的同学。

软蛋是很温顺的男生，也是同学与老师眼中的好好先生、标准的乖乖牌。印象里，他很少举手发问，不曾反驳过别人的意见，别人安排给他的事情他总是会全力以赴去完成；有时候被别人误会了，也没有看到他为自己反驳过。因为这样的个性，大家都很喜欢他——喜欢逗弄或使唤他。

每堂课上课之前大家都会传一张空白字条，轮流在上面写满各种物品后，再丢给软蛋。

几乎一下课，他都满头大汗地从便利店跑回教室，双手环抱着大家指定买的饼干或饮料。有时即使他面有难色地表示他要补写作业，同学还是半拗半威胁地要他去买东西，于是他还是完成了同学的要求，直到放学后才留下来继续罚写没完成的作业。

班上虽然有人阻止大家的这种举动，也劝软蛋无须照做，但他总是回答"没关系、还好、还可以"。

久而久之，大家也觉得这样的"请托"是理所当然的，有些更过分的同学甚至没有给软蛋买零食的钱。也因为他总是说"没关系"，原本那些打抱不平的声音也逐渐销声匿迹。

某天，软蛋又独自抱着满到用下巴卡住才能固定的零食走回教室，突然有人用戏谑的口气说："白痴啊！走这么慢，你的脚跟你的蛋蛋一样软？""拖到上课才回来，是故意不让我们吃吗？"

出乎众人意料，这句话像是在堆积成山的炸弹上放了一把火，软蛋大吼一声，愤而将怀里满满的零食往地上一丢，顺手拎起一瓶铁罐饮料就往那同学脸上砸了过去。

鲜血，从那一双瞪大的眼睛之间汩汩流下。

在大伙还来不及反应的瞬间，软蛋以迅雷不及掩耳的速度冲上前，将那个同学扑倒在地、压坐在他身上，一拳一拳揍在那张惊恐的脸上。直到大家回过神，才赶忙将发了狂似的软蛋拉开……

发生冲突的两人后来各被记了一次大过，被揍的同学在医院待了几天才回到班上，老师也严格禁止大家再使唤软蛋去买东西或打杂。

而事发之后，有些人谴责班上同学的蛮横；有些人则认为软蛋从一开始就不该帮同学跑腿，同学习惯使唤他，他自己也要负责。姑且不论孰是孰非，我相信软蛋心里肯定是很不好受的。

自我肯定

无法拒绝他人的要求，难以表达内在的情绪、争取自己应有的权利，随之而来的不舒服，会一点一滴地在内心积沙成塔。直到哪天某个引爆的刺激出现，结果很可能一发不可收拾。

以下这些情况几乎在每个人身上都或多或少出现过：当你完成工作准备回家，同事却告诉你办公室有"不能准时下班"的潜规则；好不容易上了拥挤的火车，却发现有人在你的座位上装睡；终于抢订到春节外出旅游的机票与饭店并且付清款项，长辈却要求一定要返乡过年。或者，被"拗"去做非自己职责内的工作、在大家面前被嘲讽、莫名被砍了福利等，这些都可能会让人难以开口拒绝，也不好意思维护自己的权利。

心理学中，有个概念叫"自我肯定"（self-assertive），意思是，在不攻击他人的情况下，争取自己应有的权利，或者拒绝自己不喜欢、对自己不利的要求。

一个能够自我肯定的人，可以在被占便宜或攻击时，温和而坚定地拒绝，并坚持自己的立场；也可以在必要的时刻说出自己的需求与为难，但不会因此感到羞愧或惶恐不安。

用文字来解释"自我肯定"一点都不困难，但是做起来绝对比说的还要难上许多倍。

从小，我们就经常被教导"助人是美德，拒绝别人是不礼貌的行为""自私的人才会重视自己的权利""说出自己的需求是厚脸皮的"，久而久之，"维护自己的权利"似乎就与"对不起别人"画上了等号。

为自己发声

记得有一年春节，我们全家到一间经常造访的土鸡城聚餐。大年初一，整间店挤得水泄不通，我们足足等了一个小时才盼到第一盘菜上桌，饥肠辘辘的我们才看一眼，差点没晕倒：一盘三百多元[①]的招牌沙茶炒牛肉，只有稀稀落落的三片小肉片隐藏于青菜中，跟平常明显差距甚大。

全家人望着那盘单薄又冷清的炒牛肉沉默了一会儿，我决定起身去将这个情况反映给店家。母亲见状惊慌地拉住我，劝我不要去谈，忍耐一下就好了，但我还是走到柜台去找了店员。十分钟后，老板亲自端了一盘与平时分量相当的炒牛肉上桌，并且慎重地道歉。

当时家人听了，也对老板说："不好意思，对不起。"只有我跟老板说："没关系，谢谢你重新炒过。"

为什么我的家人要说抱歉呢？我们明明是损失的那一方，只是如实反映了情况，何来道歉之须？到底要为了哪部分抱歉？

与其回到家才整晚闷闷不乐、咒骂店家，或指责提议去那家店聚餐的人（这样以后谁还敢提议呢？），不如温和而坚定地在适当的时机，向适当的人表达出来。

正视和表达自己的感受虽然不一定能得到期待的回应，但却是相当重要的步骤。因为，如果无法肯定自己的感觉，就无法拒绝他人无理的要求；如果连你都无法正视自己的感受，又怎么要求别人正视你的感受呢？

---

① 此处为新台币。——编者注

这么做的目的不在于攻击别人，而是诚恳且如实地让别人知道我们需要什么，知道哪些请求对我们是有困难的，也借此让自己更轻松自在一些。适度表达自己的困难与限制，别让自己陷入受害或苦命的无力深渊里，这也能让别人了解我们，知道我们的难处，知道我们需要被协助。

　　有时我们会陷入一种"委屈无人知"的无力状态，但那很可能是因为我们没有给予别人理解我们、靠近我们的机会。我们不愿意说，也觉得不该说出口，甚至有时还不切实际地以为真正的好友或至亲不需要我们开口，他们就能理解我们的需求，知道要伸出援手。

"被拒绝"的勇气

　　光是知道自我肯定的好处与重要性，还不足以让人放心地去练习。人之所以无法自我肯定，最主要的恐惧来自关系中另一方的反应。因此，无须因为别人的言语或行为，而感到自己好像做了十恶不赦的坏事，也不用为此急着责备自己。我们需要知道的只是："哦，原来对方无法帮我。""原来别人可能不喜欢我的想法。""或许我需要再多一些练习。"

　　即使别人拒绝或否定了你的想法，或许他也只是如实表达他的主观意识，但你仍然可以选择接受或不接受。如果无法意识到这件事情，我们可能会将他人的质疑、否认或拒绝，都当成是对自己的攻击，不但因而感到不舒服，还可能将这些难以忍受的负向情绪往外宣泄，转而攻击别人。

　　或许我们都认为如果要维持、经营一段关系，就必须理所当然地多忍耐对方，但往往也是因为这个"理所当然"，让关系因为忍耐而充满负向情绪。当一段关系充满了抱怨、委屈、忍耐，又怎么能够持久呢？即使真的撑过了一段时间，最终也可能因为不好的质量而让关系破裂。

因此，如果真的重视对方、珍惜彼此之间的关系，就要学习自我肯定。尤其当双方的权力不对等时，例如父母与孩子、老师与学生、主管与下属、学长与学弟，更是如此。

位居权力弱势的一方要学习表达自己的声音，而权力较占优势的那一方则要学习开放自己，允许对方表达出他的需求、意愿与困境，而无须将这样的声音拿来当作对自己的挑衅。如此一来，双方都不需要因为感受到威胁或挫折而去攻击对方。

练习 7 提升自我肯定

回想一下曾经被他人"拗"去做某件你不喜欢的事情的体验，并依序回答：

1. 当他（她）要求我做这件事时，我的想法是：_____。

2. 我内在的真正感觉是：_____。

3. 如果答应他，对我的好处是：_____。

4. 这样的好处对我重要吗？_____。

5. 如果不答应，结果会是：_____。

6. 这样的结果会有的坏处：_____。

7. 这样的结果带来的好处：_____。

依序回答这些问题之后，往往会发现有的时候，拒绝别人的"下场"其实并没有想象中的可怕，还可能利大于弊。因为你不用委屈自己去做讨厌的事情，别人知道你不喜欢这件事且不会全盘接受后，就可能降低为难你的频率。而这样的结果，不就是我们最想要的吗？

情绪觉察 27

1. "自我肯定"是在不攻击他人的情况下，争取自己应有的权利，或者拒绝自己不喜欢、对自己不利的要求。

2. 无法拒绝他人的要求、难以表达内在的情绪，随之而来的不舒服会渐渐地在内心积沙成塔。直到哪天某个引爆的刺激出现，很可能引来一发不可收拾的结果。

3. 若我们无法说出自己的需求与限制，也就无法让别人有了解我们、协助我们的机会。

自己的鼓励自己给

一千种来自外在的鼓励，都不如你给自己的一次掌声。你的价值不是建立在别人的评价之上，而在于你对自己的欣赏。

我在提供咨询时，经常在个案身上发现某种很类似的反应模式。那就是，当我肯定他们的努力与进步时，他们都会有些不知所措、一脸茫然，有些人甚至直接否认，表示自己还不够努力。好像他们与"好表现"的关系是两块强力相斥的磁铁，或是两条笔直的平行线。

记得上小学的时候，爸妈很喜欢拿我的成绩跟班上某个总是考第一名的同学比较。因为不服气、想证明自己的实力，某次段考前，有整整一个月的时间我都非常认真听课，放学后一定先把作业写完才会出去玩，有时间的话甚至会主动重复运算数学习题。现在想想，对那个才九岁、喜欢跑来跑去的我而言，那样的认真程度还真是不可思议。

期末考成绩出炉。四科里，我只有一题语文注音因为笔误写错而被扣了两分。我小心翼翼地将四张考卷牢牢抓在手中，蹦蹦跳跳地回家。

"爸，我考了三百九十八分哦！这次一定是第一名！"一踏进家门，我立刻雀跃地摊开四张考卷，满心期待能得到老爸的赞赏。

结果老爸回应的那句话，至今仍深深刻印在我的脑海里。

"剩下的两分呢？"爸爸当时正在处理手中的货品，连头都没有抬起来，"就说你的粗心大意会让你很难成功，看到了吧？"

听到这句话，我突然觉得自己的努力很没有意义，甚至对这种为自己好表现而自豪的行为感到羞愧。

"原来我在爸妈的眼中一点都不好，我不应该为自己感到骄傲。"回到房间，我将那四张考卷用力揉成一团，塞进抽屉的最深处，再也没有拿出来过。

对当时的我而言，除了失落，还有一股很深的无望感，觉得自己好像怎么努力都无法得到爸妈的认同。

有位在房地产中介行业颇有成就的朋友曾与我分享，从小他的学业成绩相当优秀，成长的过程也很独立，无论是念书或生活都不需要父母亲操心。大学毕业后，他抱着"高学历不保证有高收入"的心态，毅然决然投入大家眼中轻视的房地产中介行业，从小小的业务员开始做起。几年后，当年的大学同学纷纷研究生毕业，在失业与屈就低薪工作之间痛苦拉扯时，他的年收入早已突破七位数，在台北市有车有房，成为大家眼中的就业胜利者。

照理说，他应该是很有成就感的。

可是不管怎么努力、如何杰出，他总觉得自己在父母亲眼里还少了些什么。他说，那种"只差一分就满分，却因此被责骂怎么没考满分"的体验对他一点都不陌生。除此之外，爸妈也常对他说："这次做得还好，下次可以更努力。""自己的孩子不能夸，夸了就会停止进步。"甚至在熬了好几年，终于升上公司的主管，他兴高采烈地打电话回家报喜讯时，父亲却只说了一句："有时间就多去进修，看看有没有机会再晋升。"

挂掉电话后，他愣在原地久久无法说话。

"其实，你很希望你的爸妈可以看到你做得好的地方，就算只是简单的一句'你不错哦'都好，对吧？"听着他说话的声音越来越小，我回应他。

"后来爸妈走了，也没机会听到了。"他惆怅地说，"有时候我会怀疑自己是不是不够有担当？都几岁人了，竟然还像小孩一样想要爸妈的鼓励……"

看他蜷曲在沙发上、满脸失落地说着这些话的样子，很难想象这是一个业绩年年破亿、掌管好几家店的钻石级店长。此刻的他，更像是一个缺乏自信，期待被父母摸摸头、被鼓励的小男孩。

其实我相信，父母亲通常是出于好意，他们衷心期待孩子"好，还可以更好"，过着衣食无虞的生活。但这些话听在孩子耳里，却像是踩在越用力就越深陷的流沙堆中："我这么努力，难道还不够好吗？""到底要怎么做你们才会满意？""算了，总之我怎么做都不好，你们再去生一个更厉害的好了！"

孩子的努力距离父母亲心中的"好"，似乎总是差了那么一段距离，而孩子就像是眼前被绑了一根胡萝卜的驴儿，无论如何努力奔跑，都无法得到那个朝思暮想的奖励。偏偏父母亲的认同与肯定，在孩子的心里又占有最重要的位置。

探索内在需求

很多人为了得到父母的认同，终其一生努力不懈地工作，放弃自己从小的渴望与梦想，忽略自己的需求与生活。因为缺乏被肯定的体验，有些人从小就感受不到自己的价值，认为自己不值得被重视，因此当他们接收到别人的赞美与鼓励时，不但无法真心接受，甚至认为别人是不诚恳的，且怀疑这一切的真实性。

这种匮乏的感觉像是一个深不可测的黑洞，逼着他们不断地往外寻求认同，到处攫取别人的赞赏且迫不及待地囫囵吞下。然而，无论有多少来自外在的肯定与赞美，也满足不了自己内在那无止境的空虚，因为他们根本不知道自己所追求的目标（能够被父母认同）的标准到底在哪里。

无论怎么努力都得不到认同的成长历程，就像参加一场到不了终点的马拉松，除了疲累，更让人痛苦的是努力后却累积了满满的无望感，并且感受到内在的匮乏。

想要终止这种令人痛苦的无望与匮乏，必须停下惯性的行动模式，练习把焦点从对外在的索求，转移到探索自己的内在。

父母是父母，我们是我们。父母曾经说过的批评，不必然是我们一辈子的样貌；父母没有说出的肯定，也不代表我们真的就不值得拥有。

即使我们曾经是那个必须靠着父母亲的喂养才能生存、依照父母亲的指令才知道如何行动、凭着父母亲的鼓励才有勇气面对困境的孩子，但人生终究必须靠自己才能走下去。

我们其实无须全然满足父母亲的期待，才称得上是一个有价值的孩子、有价值的人。或许我们的父母亲永远都不可能给出那些我们想要的认同，也或许到了父母亲终于给出肯定的那一天，我们反而感到有些空虚或觉得为时已晚。

无论如何，我们已经长大了。在成长的过程中，我们的确独自面对了许多的困难，付出了很多的努力。我们必须学习肯定自己在生命中的努力与意愿；我们也必须学习认同自己，练习觉察并建立起自我的价值，而不是将评价自己的权力全权交托到他人手上。

当然，能够得到别人的认同是一件很棒的事情，但我们无须被动地等待别人来肯定我们，也不必让自己深陷在向外界索讨肯定的无助状态。对自己最好的肯定就在我们的内在，那里才有让自己获得真正力量的宝藏。你不用经历重大事件，也不必得到诺贝尔奖，你随时都可以肯定自己的努力，欣赏自己的独特。

练习8 写一封欣赏自己的信

以下是我写给自己的、欣赏自己的一封信，如果你暂时想不到其他的格式，或者平常不习惯写信，可以依照这上面的格式撰写，并将加粗的文字修改成你对自己的观察。

写完之后，建议你找个安静、不被打扰的地方，将这封信念给自己听。这不只是一封信，也是一份宣言，一份欣赏自我、肯定自我的重要宣言。

亲爱的展诰：

即使这个世界总是依照成绩、学历、工作、薪水来评价你，但这并无法代表真正的、完整的你。

因为，每一个生命都是独特的。

因为你不管看什么电影都会感动掉泪，因为你对丝瓜感到恐惧，因为你喜欢赖床，因为你宁愿饿肚子也要将午餐分给流浪狗，因为你讨厌妈妈的唠叨，因为你讨厌写作业，因为你喝咖啡不加奶精只加三包糖，因为你总是害怕麻烦别人……因为你有很多专属于自己的独特。

因为别人无法代替你承受你曾经历的磨炼与痛苦，因为别人无法体会你生命中曾经有过的欢欣与喜悦，因为别人无法代替你呼吸，无法取代你在家人与好友心中的位置。

你值得被爱，不是因为你的表现，不是因为你的条件，而是因为你是独一无二、最特别的那一个自己。而这一切就值得你去欣赏自己、重视自己、爱自己，并且认同自己的价值。

情绪觉察 28

1. 渴求父母亲的认同，却又不知道父母认同的标准为何，就像跑一场到不了终点的马拉松。除了疲累，更让人痛苦的是在努力之余还累积了满满的无望感。

2. 想要终止这种痛苦的匮乏感，我们必须停下惯性的行动模式，练习把焦点从对外在的索求，转移到探索我们自己的内在。

3. 父母曾经说过的批评，不代表会是我们一辈子的样貌；父母没有说出的肯定，也不代表我们真的没有，或不值得拥有。

暂停营业

每个人都不需要为别人而活，也不该替别人做决定。

有一位母亲鼓励她年逾三十岁的女儿来与我谈话。虽说是鼓励，但从女儿不情愿的表情与回应方式来看，我认为她很可能是被强迫来的。

"来这边谈话，是你自己想来，还是被逼的呢？"对于可能是非自愿来谈的个案，在咨询开始前，我通常会先抛出这个问题，看看对方的反应再决定如何调整我介入的方式。

"没有人逼我。"她看了看手腕上的表，像机器般回答得毫无抑扬顿挫。

"那你来这边，想要谈什么呢？"我问。

她摇摇头，没有开口。

"你从哪找到来这里的相关信息？"

"你知道来这边要做什么吗？"

"你想来谈几次呢？"

试探性地接连问了几个问题，她同样都以沉默或摇头回应。在那个宛若时间暂时停止的咨询室里，只剩下墙上时钟的秒针嘀嗒嘀嗒地跳动着。

到这里，我几乎能确定眼前的个案不是自愿来谈的。如果是自己想来谈话，应该不至于连想要谈什么、做什么都完全以沉默回答。

"辛苦你了，我先跟你的母亲聊一聊，看怎么样再跟你讨论，好吗？"我微笑着说。

听到这句话，她像是看到了逃生出口，如释重负地松了一大口气，点点头便起身离座。

后来，母亲表示的确是她希望女儿来接受咨询。原因是女儿已经念完了大学、研究生，并且开始上班，但随着年纪增长，女儿不但没有交男朋友，甚至连朋友也越来越少。母亲说，即使女儿是同性恋者她也不反对，让她最担心的是，女儿好像丧失了人际互动的意愿和能力。

女儿研究生毕业后，这位母亲为她找到一份不错的工作。为了让女儿不愁居住问题，母亲几乎用罄自己的退休金，帮她在公司附近买了一层全新的公寓，但这一切反而成为日后让她更担心的来源。

"老师，你知道吗？她后来放假都没有回来看我，工作之外的时间像是把自己关在笼子里，几乎足不出户，只是一直看日剧、睡觉……"母亲担心地说，"我怕她会变成电视上说的那种什么茧居族①还是宅女，所以有几次提议要搬过去跟她住，或把空着的房间租给别人，看看能不能增加她与别人的互动。"

"哦，结果呢？"我挺好奇女儿对于这个提议会如何反应。

"唉，"母亲深深地叹了口气，"结果前天有人去看房子时，她突然发飙大吼：'我就是只想要一个人住！我就是只想要整间房子

---

① 指处于狭小空间，不出社会、不上学、不上班，自我封闭地生活的一类人。——编者注

只有我一个人！'看房子的人当场被吓跑，她到今天都没有开口跟我说话。"

"我先生早逝，我有承诺要好好照顾这个孩子，让她平平安安、健健康康，不用担心生活。唉，我现在也一把年纪了，只希望她能有好的婚姻、好的托付，我就可以放下心头的重担……"母亲讲着讲着，满腹的委屈和担心化成了眼泪，扑簌簌掉下。

"她能不能规律地上下班呢？"我很好奇，这个被母亲讲得好像什么都需要被照顾的女儿能独立生活吗？在工作方面的表现又如何呢？

"是可以，她好像很少请假，也没有迟到。"

"那她在工作中如果要开会、讨论，是不是能开口与别人保持沟通？"

"应该没问题，听她说工作方面还算顺利，也在上个月被公司升迁。"

"所以，你的女儿并没有放弃她的工作，也能在必要的时候与人保持沟通，是吗？"

母亲点点头。

"那么，女儿会让自己饿肚子吗？她身体有没有哪些地方因为自己住而变得不健康？"

她摇了摇头，但脸上还是写满了担心。

于是，我试着挑战她的信念："你辛苦了一辈子，牺牲自己，努力地照顾与安排女儿的生活；但对于现在的她而言，会不会你需要给的，是让她能够决定自己生活方式的空间与权利？"

果然，母亲听了之后有些困惑："孩子是我们生的，父母为了孩子努力付出，尽可能帮他们选择最好的生活方式，难道不是天经地义的事情吗？"

让每个人做自己的主人

在真实世界的物理环境中，不论是个人的寝室、书房、办公桌，乃至于在公共场合用餐、搭车，甚至与他人谈话，每一个人都需要保有自己主观上适当的空间，才能感受到舒服与放松，并且拥有隐私。这样的距离可以让人感到安全而不至于被侵犯。

心灵的空间也是如此。

对于一个三十岁的成年女性而言，或许能够与人接触、拥有亲密关系是比较符合传统价值所期待的。但对这个从小到大，无论升学、交友、穿着，乃至于工作、住处都被决定好的女儿而言，或许她最想要也最需要的是，拿回为自己做决定的权利。

为自己做选择，可以让一个人感受到自己的主体性与能力感；诚实地表达各种情绪，则可以让人觉得自己是被接纳的、完整的。

不过，如果看到这里就骤然做出"母亲过于控制"的结论，又太过偏颇。因为，这场"替别人做决定／让别人做决定"的游戏不是由某一方单独造成的，而是双方共构的结果。

在母亲为女儿做的各种安排里，我们最容易看到的是母亲剥夺了女儿的选择权，而无微不至的照料也在告诉女儿："我都安排好了，你只要照着我的指示过得幸福快乐就好。"但另一个经常被忽略的事实是，孝顺的女儿接收到这个隐微的信息后，为了不让母亲失望，也选择只表达出正向的情绪，且压抑了负向的情感，否认了自己真正的需求。

换言之，女儿的心灵空间塞满了母亲的期待、需求与决定，而她所做的回应，也都努力地不让母亲失望。住进母亲买给她的房子，乍看之下终于有了自己的生活空间，但实际上，连这间房子也是母亲所安排的。她清楚母亲的辛苦，也明白母亲的关爱，但越是如此，她就越觉得动弹不得。

一个人住的房子，某种程度也代表着这个女儿的内在空间。当母亲擅自要求将房子出租、开放让人参观时，对女儿而言就像是被侵略、不受尊重，以往那种被控制的感受很快地油然而生。

因此，当她愤怒地喊出"我就是只想要一个人住，我就是只想要整间房子只有我一个人"时，除了情绪宣泄之外，她其实也在为她那被挤压的内在空间发声。她需要拿回为自己做决定的力量，需要拥有属于自己的空白，需要划出让自己不受打扰的心灵空间。

一个看似失控大吼的举动，实际上，是想要拿回对自己的主控权的宣告。

对于辛苦工作、努力照顾女儿大半辈子的老母亲而言，需要学着放手、信任女儿，给她更多的空间；因为长期压抑而终于爆发的女儿，则需要学习表达自己的需求，知道自己不需要为他人的情绪负所有的责任。两人的内在都必须保有属于自己的空间，了解自己不需要全然为别人而活，也要学习建立界限，让自己不受他人打扰。

内部整修——让心灵休个假

有时候，我们的心灵需要挂上一个"内部整修、暂停营业"的告示牌，待内部修缮、重新装潢完成之后，就能再度开放、容纳前来参观的人们。

就像面对暂停营业的店家一样，对于那些暂时不希望被打扰、想要独处的人，我们可以适时地给予关心，但也要尊重他选择暂时关门的行为，而不是径自把门撞开，强迫对方尽快开门营业。

一个人会选择独处，或许不全然是人际退缩，也未必会因此感到寂寞。也许他只是想要重新找回与自己相处的时刻、享受对自己的照顾，并重新学习由自己给予自己滋养。

这是一个"爱自己、做自己"的必要过程。唯有不被压迫的心灵，才可能健康地茁壮成长、拓展，进而拥有更开放及涵容的弹性与能力。

情绪觉察 29

1. 为自己做选择，可以让人感受到自己的主体性与能力感；诚实地表达各种情绪，则可以让人觉得自己是被接纳的、完整的。

2. 心灵与生活一样，都需要保有自己的空间才能感到舒服与自在。内在充满了别人的情绪与期待，也等于失去了为自己而活的空间与能量。

3. 有时候，我们的心灵需要挂上一个"内部整修、暂停营业"的告示牌。透过独处学习与自己相处，并倾听自己内在真正的声音与需求。

4. 唯有自由而不被压迫的心灵能健康地茁壮成长、拓展，进而拥有更开放及涵容的弹性与能力。

"减法生活"好心情

学着做选择，把能量放在对我们真正重要的人、事、物上，让生活更简单、心灵更澄净，也让情绪更稳定。

我的朋友圈里，有位堪称是购物界与收纳界中千年难得一见的奇才。

他的托特包里的小夹层中整齐地放着绿油精①、一大串各式各样的钥匙、口香糖、面巾纸、钢笔、护唇膏；中间的夹层另外用一个多层文件夹收纳当天要用的各种资料、空闲时想看的书；最后一个大夹层中放着一台轻薄的笔记本电脑，当然，笔记本电脑也要用另一个专属皮套谨慎地装着。

除此之外，他还另有几个收纳用的小袋子。A 袋装 3C 产品，包括用卷线器缠好的各种充电器、用保护壳装着的移动电源、各种转接头、耳机、U 盘；B 袋是化妆包，里面有洗面奶、眼霜、化妆水、乳液、护手霜、小瓶香水、吸油面纸等；C 袋是文具，有多达数十色的荧光笔、修正带、铅笔、圆珠笔、小刀、胶水、胶带等。另外还有名片夹、悠游

---

① 台湾推出的一款功效类似于风油精的外敷产品。——编者注

卡套、钞票夹、零钱袋、皮制长夹、移动电源（是的，第二块移动电源）、墨镜、咖啡随行杯……以上所有东西，最后全都放进同一个包包里。

经过动辄半小时的整装，一个包包少说有五六千克重。常见他背着足以用来训练肌力的包包，斜着身子、挥汗如雨地艰难前进。每天他都会换不同的包包出门，所以上述的整理历程每晚都会上演。

每次看到标榜更精致小巧的商品，他就毫不犹豫全都买回家，希望让包包更轻巧、更方便。但真正的问题不仅是整理包包的过程，还有每次当他要使用某个东西时，他都得大费周章地从许多东西中将它挑出来，用完再谨慎地收好、塞进小收纳袋、放回大包包的某个特定位置，接着再拿出另一个东西，再次重复相同的步骤。这样烦琐的过程经常让他拖延了下一个行程的时间，有时弄丢了某个东西却找不到，也会让他在忙碌生活中感到烦躁与生气。

这还只是一个外出的包包，更别提他的书房、寝室、客厅、餐厅。问他为什么要这么用力地"整理"？他坚持，收纳是一种态度，能让生活更便利、更有效率。

断舍离的减法生活

曾有段时间，我很想效法这种生活方式，看看是否能让我粗线条的神经变得比较细致一点，后来我终究弃械投降。因为对我而言，如果是为了让生活更便捷，与其耗费金钱购买许多小巧精致的东西，或用力思考如何将它们井然有序地全都塞进包包里，不如只留下几样最必要的物品就好。

近几年，"断、舍、离"的概念相当盛行。所谓断舍离，不单单是扔东西的口号，它其实是提醒我们学习在生活中选择我们真正需要的东西，屏除那些不必要而多余的部分，并且将这样的态度实践到生活其他层面，让居家环境更单纯，让我们拥有更好的能量与更健康的生活。

套句金城武在广告中的台词："世界越快，心则慢。"相对于追求并满足更多的欲望，或许在这信息爆炸、物质奢华的年代，我们更需要的是努力从生活中的大量信息里辨识出不重要的东西，并将其剔除，再针对留下来的、对我们有意义的东西稍做排序。这样，我们就能将宝贵的时间与能量投注在真正重要的事情上。

我将这样的生活方式称为"减法生活"。

是"必要"，还是"想要"？

每年农历春节前夕大扫除，我的完成速度都很快。秘诀只有一个字："丢"！

不过，丢东西当然不是未经思考就全部扔进垃圾袋里。对我而言，超过五年都没有动过的东西通常只剩下两个功能，一是留念，二是占空间。而那些我们觉得虽然用不到却好像很重要的东西，通常放了几年之后，有九成还是会被我们丢掉。过了十年、二十年，我们依旧觉得很有纪念价值的东西，其实少之又少。

我们总是很努力地想多赚些钱、多买些什么、多得到些什么，好像多拥有些什么就等于更有成就、更幸福、更完美无憾。可是，这些东西真的是我们需要的吗？有没有可能，其实大部分只是我们"想要"而非"必要"？得到了，我们的人生就会因而更有意义、更幸福吗？

为了满足这些"想要"，我们必须耗费更多的能量，牺牲生命中其他重要的事情，却忽略了自己真正重视的价值是什么。这样的生活，真的值得吗？

许许多多我们努力追求的那些更好、更美、更多的物质或目标，乍看真的很吸引人，但这些东西就像是前述那位友人购买的各种高价位物品，超过了自己的需求，塞在一起不但没有让生活变得更简便、更美好，反而还成为另一种负担。

得益于这几年到各地演讲与工作的经验，我的背包到后来只会放一支笔、一本笔记本、皮夹、手机，还有一个小小的保温杯。确保有钱付账、有手机能联系、有杯子可以喝水兼做环保，还有笔和纸可以记录随时涌现的灵感，对我而言这就足够了。我喜欢这样简单而轻松的装备，让自己有更充沛的精神欣赏沿途的风景、思考写作的内容，并优雅地面对我的工作与生活。

重点不在于哪一种生活方式才是最好的，不过，我们都得了解一个不争的事实：每个人一天所拥有的时间都是相同的，你在某件事情上耗费更多的时间，就势必会挤压其他事情的时间。在这信息多元而繁杂的年代，若无法试着让某些事情简单化，林林总总的事项终将会压得你喘不过气。

如果连一个包包都能让你精疲力竭，那么面对生活中的突发状况或挫折时，又如何期待自己有能量沉着以对，保持稳定的情绪呢?

在乎你真正在乎的

在关系中，对我们所爱的人以及爱我们的人投注心力，细心地经营彼此的关系；无须耗费力气去讨好那些不喜欢我们、与我们生活不相干的人。关系重视的是真诚与质量，而不是客套与浮滥。

在人际互动中，不用强迫自己成为大家都喜欢的人，不必将能量投注在满足所有人的期待上，也不要期待每个人都能理解自己的努力或委屈。我们的人生不为谁而活，而他人的眼光也无法决定我们真正的价值。

在工作中，设定目标、拥有斗志固然重要，但不必总是拿他人的年薪与职位来做比较，不是把生活塞满工作才叫作认真努力。工作与成就都只是生命的一部分，如果把自己的价值建立在各种与他人的比较上，那么一生中可能会耗费许多时间用来责备自己与怨叹命运。

在生活中，要时时提醒自己，别人怎么看我，并不代表我就是那样的人；别人抛出来的责任，不必一肩扛起；别人不理性的指责，无须照单全收；别人施予我们的期待，我们也用不着耗费宝贵的时间来做到使命必达。

减法生活，是要帮助我们辨识哪些价值是自己重视的，并试着将这些价值依照重要性排列，再参考排序来决定投入的时间。这能帮助我们设立

自己与他人之间的界限，避免自己总是为他人的生活负责，也避免让别人的情绪影响我们。

简单生活——给自己澄净的心灵

生命中有许多事情或许无法全然如我们所愿，工作依旧竞争而忙碌、生活总是充满未知与挑战、关系难免会有冲突与误解。但是，我们可以练习捍卫自己认为重要的价值与意义，舍弃那些不重要或不需要的东西，让自己有更多能量来经营生活、照顾自己。

简单的生活，可以让心灵更加澄净；澄净的心灵，能帮助我们拥有更多的能量去因应生活中的各种情境。若能在生活的许多情境中感到自在且游刃有余，就不会因为心灵的空间被挤压而感到不舒服，也不会因为紧绷的身心状态而使自己像一颗不定时的炸弹。

无论是正向或负向的情绪，都是真实呈现我们身心状态的重要指标。认识它们、学习与它们共处、练习更适当的情绪表达方式，就更能成为情绪的主人，也更了解如何自在地经历这些情绪，进而拥有更健康的生活质量与人际关系。

情绪觉察 30

1. 许多我们努力追求的更好、更美的东西，只要超过了自己的需求，就会成为另一种负担。

2. 每个人一天所拥有的时间都是相同的，你在某件事情上耗费较多的时间，就势必挤压做其他事情的时间。如果没办法试着让某些事情简单化，生活里的繁杂事项将会压得你喘不过气。

3. 简单的生活，可以让心灵更加澄净；澄净的心灵，能帮助我们拥有更多的能量去因应生活中的各种情境。

过去，我们总是企图透过隔绝情绪来保持理性，却总是被莫名的情绪扰乱了思绪；现在，让我们一起试着正视情绪、探索情绪，减少失控的频率，也减少被情绪支配的窘境。